珠宝价值与鉴赏

JEWELRY VALUE AND APPRECIATION

张月萍 著

ZHEJIANG UNIVERSITY PRESS
浙江大学出版社

作者介绍：张月萍　北京大学 MBA 、哲学博士，现任深圳市沃尔弗斯珠宝实业股份有限公司董事长，广东省珠宝玉石首饰行业协会副会长，中华全国工商业联合会金银珠宝业商会常务理事。珠宝艺术设计师导师，高级钻石鉴定师。获得各种发明专利 246 项。已发表论文《中国珠宝产业现状与发展趋势》，出版专著《珠宝起源与文化》《珠宝美学》。

Introduction to the author: Zhang Yueping, Ph.D. and MBA of Peking University, is currently the chairman of Shenzhen Wolfers Jewelry Industry Co., Ltd., vice chairman of Gems & Jewelry Trade Association of Guangdong Province and the executive director of All-China Chamber of Commerce for Jewelry Precious Metals Industry. She is a jewelry designer advisor, senior diamond appraiser; she has won 246 patents for invention published the paper "The Origin and Culture of Jewelry", and published a paper "Current Situation and Development Trend of China Jewelry Industry" and a monograph *The Origin and Culture of Jewelry* and *Jewelry Aesthetics*.

PREFACE ONE

Laurent-Max De Cock   Professor in Royal Academy of Fine Arts Belgium

As a jewelry designer, I often think about a question: What is the value of jewelry? Or: Where is the value of jewelry reflected?

After I read the manuscript of *Jewelry Value and Appreciation* written by Ms. Zhang Yueping, I finally find the answer to this question in my mind:

The true value of jewelry is its history and culture. In other words, the value is the jewelry's function and role in the history of human civilization.

We know only humans have culture. It's the ultimate distinction that separates mankind from the other species and comprehensively drives human society to a higher from a lower level. Therefore, the history of human civilization is also the development history of human culture.

A jewel is essentially a natural object without any cultural elements. However, a jewel may carry a cultural meaning after it's developed, used and given a wish by human.

After thousands of years of exploitation, utilization and appreciation of jewels by humans, a unique jewelry culture has been formed. Jewelry becomes a carrier of human culture and human culture becomes the soul of jewelry. Jewelry is exalted thanks to human culture and human culture actually exists in the jewelry.

Jewelry is precious for its rarity and beauty. Another common and important reason is that every kind of gems have abundant cultural meanings. People always associate all good wishes with varieties of jewels.

Diamond is a bolt of lightning, invincible weapon of the God of War and the hardest king of gems that takes 4.5 billion years to form.

Ruby is the fieriest stone that is full of passion. It's the champion of gems, stone of love and the birthstone of July.

Sapphire is the sister gem of ruby, the heavenly stone, destiny stone, stone of kings and love stone.

Cat's eye, together with diamond, ruby, sapphire and emerald, is collectively called five high-grade valuable gems in the world. It is a dream stone as well as wish stone symbolizing love, strength, hope, wish and friendship.

Emerald is a glowing gem, king of beryls and birthstone of May. People often use emerald to commemorate the 20th, 35th and 55th wedding anniversaries because it's the stone of eternal love of Venus, the Goddess of Love.

Jadeite' name is coming from a kind of bird living in the south, referring as an "eastern rarity". The bird has beautiful feathers. The male bird with red feathers is named Fei while the female bird with green feathers is named Cui, and a pair is called feicui meaning jadeite.

Spinel is the sparkle, spire, and the best imposter of the ruby in the world in the past.

Tourmaline is a mixed gem, rainbow in human's world and a wish stone to collect fortune and exorcise demons.

Garnet is a gem covering all the colors of spectrum, a seed bearing the hope and the birthstone of January.

Topaz is a powerful and magical gem, birthstone of November and the commemorative stone for the 23rd wedding anniversary. It's a friendship stone embleming peace and fraternal love and dignified stone of emperor.

Olivine is the solar gem coming to the earth along with the meteorites. It's the tear of Goddess of Volcanoes - Pele, a merchant stone that can bring fortune and a happiness stone that can bring joy.

Crystal is one of the four traditional treasures, along with pearl, agate and jade. It's the eye of Venus, patron stone of love and the commemorative stone for the

17th wedding anniversary.

Chalcedony is one of the most popular jade stones, a treasure intoxicating like good wine and one of seven Buddhist treasures.

Moon stone is a gem with nebulous moonlight after the rain. It's the saint stone, lover's stone, traveller's stone, and stone of prophesy. It's the lucky stone for people born in June and commemorative gem for the 13th wedding anniversary.

Prehnite is a gem like a bunch of grapes, the stone of love and stone of hope that can protect people and gather fortune.

Turquoise is the invincible fortune maker, heavenly gem and lucky stone for people born in the year of the Tiger, Rabbit, and Rat. It's the stone of triumph standing for success and victory.

Opal, a gem gathering the beauty of all other gems, is the birthstone of golden October. It's the holy stone representing spirit of loyalty, Cupid's stone implying pure love. That's the queen of all the magical gems.

Pearl, one of the four traditional treasures along with agate, crystal and jade, is the son of sea, tear of goddess, queen of gems, lucky stone for people born in June and commemorative stone for the 13th and 30th wedding anniversaries.

Amber is the drifter on the sea, tiger's spirit, oceanic gold formed by solidified solar pieces, pine resin fossil and the frozen drama.

Coral is the mother of earth, propitious treasure representing auspiciousness and happiness. It is transformed from blood of Jesus and one of seven Buddhist treasures. It's a kind of healthy jewelry for maintaining beauty, keeping young and health care.

These sublime and wonderful meanings give jewelry a history as long as history of human civilization, make cold stones full of cultural elements and endow the gems with particular value and significance.

If appraisal is a technique, then appreciation is an art. Appraisal is specific, scientific and the dissection and definition of object; appreciation is abstract, aesthetic and the reflection and innovation of culture. In a world of jewels described in the *Jewelry Value and Appreciation*, we clearly experience massive cultural meaning. Without cultural meanings, the jewels are ordinary stones. It's culture that turns stones into artworks and multiplies jewelry's value.

We are living in an era where material life is highly developed but in desperate need of cultural enrichment. Without cultural involvement and permeation, jewels are just cold stones; without cultural innovation, human civilization will never move forward. Jewelry is a carrier of human culture and human culture makes jewelry valuable and meaningful. The ultimate purpose for men to create jewelry culture is to break human material limitations by means of jewelry culture.

I believe with that in mind, Ms. Zhang Yueping doesn't focus on research and dissection of real jewels in her *Jewelry Value and Appreciation* and doesn't beat around the bush about identification, criteria and appraisal of jewelry. However, she puts emphasis on history, culture, aesthetics and philosophy of jewelry and brings a lower level of material functionality to a higher level of cultural aesthetics. It is ideological sublimation as well as the rational regression.

序 一

劳伦斯－马克斯·德科克　比利时皇家艺术学院教授

作为一个珠宝设计师，我常常会思考这样一个问题：珠宝的价值是什么？或者说：珠宝的价值究竟体现在哪些地方？

当我阅读了张月萍女士撰写的《珠宝价值与鉴赏》书稿之后，我终于为这个常常萦绕于心头的问题找到了答案：

珠宝的真正价值就是珠宝的历史与文化，也就是珠宝在人类文明进化史中所体现出来的功能与作用。

我们知道，"文化"是人类独有的现象，是将人类与其他生命物种区别开来的最终标志，是推动人类社会由低级向高级发展的综合动力。因此，人类的文明史也就是一部人类文化的发展史。

从本质上讲，珠宝只是一种自然物，它本身并不具有文化元素，但是由于人类的开发和使用，并将人类的意愿赋予其中，于是珠宝便具有了文化的内涵。

千万年来，人类对珠宝的开采、利用与鉴赏构成了一种独特的珠宝文化现象。珠宝成了人类文化的载体，人类文化则成了珠宝的灵魂；珠宝因人类文化而高贵，人类文化因珠宝而存在。

珠宝之所以珍贵，除了它们的稀有、美丽之外，还有一个共同的重要原因就是每一种宝石之中都蕴含着十分丰富的文化内容，人类总是把一切美好的愿望与琳琅满目的珠宝联系在一起。

钻石，是"闪电"，是"不可战胜的"的"战神的武器"，是有着45亿年形成史的最坚硬的"宝石之王"。

红宝石，是饱满的激情，是最热烈的石头，是"宝石之冠"，是"爱情之石"，是七月的生辰石。

蓝宝石，与红宝石是"姊妹宝石"，是"天国之石"，是"命运之石"，是"帝王之石"，是"爱情之石"。

猫眼石，与钻石、红宝石、蓝宝石、祖母绿并称为世界五大高档珍贵宝石，是象征爱、力量、希望、祝福与友谊的"寻梦石"和"祝福石"。

祖母绿，是"发光"的宝石，是"绿宝石之王"，是五月的生辰石，是结婚20周年、35周年、55周年的纪念宝石，是代表爱神维纳斯的"永恒的爱情宝石"。

翡翠，是"东方瑰宝"，它的名字来源于一种生活在南方的鸟，这种鸟的羽毛十分美丽。有红色羽毛的雄性鸟，名翡鸟；有绿色羽毛的雌性鸟，名翠鸟。一对雌雄被称为翡翠。

尖晶石，是"火花"，是"尖端"，自古以来一直被误认为是红宝石的世界上最优秀的"冒名顶替者"。

碧玺，是一种"混合宝石"，是"落入人间的彩虹"，是一种可以纳福驱邪的"愿望石"。

石榴石，是一种足以涵盖整个光谱颜色的宝石，是充满希望的"种子"，是一月的诞生石。

托帕石，是一种"有强大神奇力量的宝石"，是十一月的生辰石，是结婚23周年的纪念宝石，是象征和平与友爱的"友谊之石"，是高贵的"帝王之石"。

橄榄石，是一种随着陨石一起来到地球的"太阳宝石"，是"火山女神比莉的眼泪"，是可以带来财运的"商人之石"，是可以带来快乐的"幸福之石"。

水晶，是与珍珠、玛瑙、玉石齐名的"传统四宝"，是"维纳斯的眼睛"，是"爱的守护石"，是结婚17周年的纪念宝石。

玉髓，是一种"最亲民的玉石"，是如同美酒一般让人陶醉不已的珍宝，是"佛教七宝"之一。

月光石，是一种具有雨后朦胧月色的宝石，是"圣石"，是"情人石"，是"旅人之石",是"预言之石",是六月诞生者的幸运石,是结婚13周年的纪念宝石。

葡萄石,是一种像一串串饱满的葡萄一样的宝石,是"爱情之石",是具有护身、聚财灵性的"希望之石"。

绿松石,是"不可战胜的造福者",是"天国宝石",是属相为虎、兔、鼠的人士的幸运生肖石,是象征成功和胜利的"成功之石"。

欧泊,是一种"集宝石之美于一身"的宝石,是金秋十月的生辰石,代表忠诚精神的"神圣宝石",是暗喻着纯洁爱情的"丘比特石",是"神奇宝石中的皇后"。

珍珠,是"大海之子",是"神女的眼泪",是"宝石皇后",是六月生辰的幸运石,是结婚13周年和30周年的纪念石。

琥珀,是"海上的漂流物",是"虎魄",是由太阳的碎片凝固形成的"海之金",是松脂化石,是"冰冻住的戏剧"。

珊瑚,是"大地之母",是代表吉祥幸福的"瑞宝",是由"耶稣宝血蜕化而成"的,是"佛教七宝"之一,是具有养颜、美容、保健功能的"健康珠宝"。

正是这些崇高、美好的寓意,才使得珠宝的历史与人类的文明史一样久远,才使得这些原本冰冷的石头具有了人文的气息,才使得这些珠宝具有了独特的价值与意义。

如果说"鉴定"是一门技术,那么,"鉴赏"就是一门艺术。"鉴定"是具体的、科学的,是对物体的解剖与定义;"鉴赏"则是抽象的、审美的,是对文化的反思与创新。在《珠宝价值与鉴赏》所描述的珠宝世界里,我们能清楚感受到厚重的文化内涵。如果没有文化的涵养,珠宝只是普通的石头,正是"文化"把"石头"变成了艺术品,也正是文化使珠宝的价值倍增。

我们生活在一个物质高度发达的时代,也是一个更加需要文化涵养的时代。如果没有文化的介入和渗透，珠宝只能是冷冰冰的石头；如果没有文化的创新，人类的文明就会止步不前。珠宝使人类的文化有了依附体，人类的文化使珠宝具有了价值与意义。人类创造珠宝文化的最终目的，就是以珠宝文化的方式超越人类的种种物质局限。

我想，正是出于这样的思考，张月萍女士在其《珠宝价值与鉴赏》一书中没有将重点放在研究、剖解实体珠宝上，也没有在珠宝的真伪、标准、鉴定上绕圈子，而是把目光投向珠宝的历史、文化、美学、哲学之中，由低层次的"物质功能"上升到了高层次的"文化审美"。这既是一种思想上的升华，更是一种理性的回归。

序 二

杨立信　矿物学博士

英国宝石协会和宝石检测实验室（FGA）宝石学家、美国宝石学院
（GIA）研究宝石学家、国际珠宝首饰联合会（CIBJO）董事局董事

如果有人问：人类文明的起源以什么为标志？

我的回答是：精美的石头是人类文明起源的标志。

因为，人和动物的本质区别之一，就在于人类能制作工具，并借助工具进行自由的创造性活动。人类从类人猿到智人再到现代人的进化过程，也就是一个制造和使用工具的过程。

然而，人类对于工具的创造与使用，追本溯源，还是从拣取自然界中存量最多、获得最为便当的树枝和石块开始的。所以，石器的创造利用是人与猿类相区别的重要标志之一。

自地球诞生以来，石头经历了45亿多年漫长而复杂的演化历史。人类和其他一切生物都生活在由岩石组成的地壳上。对于人类来说，石头是人类衣食住行的基本载体，人类的生活从来没有离开过石头！

在数万年的人类文明史中，人类经历了旧石器时代、新石器时代、玉器时代、青铜器时代、铁器时代，直到现代文明，石头充当了人类文化的"摇篮"！

远古时期，人以群分，各居一方，采用自然的石块，经过简单的人工打制，使其更加尖锐，更加便于使用，借以采集植物和猎取兽类。这就是人类的旧石器时代。

当人类从狩猎时代过渡到农耕时代，人类的生存就更无法离开石头：钻木取火，石穴避寒，石矛狩猎，石犁农耕，石刀播种；出现了石碾、石臼、石盆、石碗等生活用品和器皿；出现了石墙、石瓦、石门、石柱、石梁等建筑用石。这就是人类进化史上的新石器时代。

自此以后，在人类生活的方方面面，石头更是无所不在。大到皇宫、皇

陵、御园、城堡、寺庙、堤坝、桥梁、大道等，小到民间的园林，房屋、庭院、亭舫等，无不取材于石。建筑让石头的作用发挥得淋漓尽致。至于石碑、石雕、石画、石钟、石磬、石鼓、石塔、石砚、石棺、石印等，或峻峭凌厉，或亲切圆润，或浑厚沉着，或奇巧精妙，各种各样的石制艺术品更是把石头的美丽展现得淋漓尽致。

今天，现代科技日新月异，但从来没有人质疑过石头的价值，石头也从来没有丧失它的光彩，它依旧牵动着人们的梦想，依然以高贵、优雅、沉着、大方的姿态屹立于材料王国，向人们讲述着它千万年神秘而又历尽沧桑的历史。

纵观人类的石头历史和石头文化，人们对石头的利用，一是在物质生活方面，二是在精神生活方面。具有自觉、自由创造能力的人类，从很早以前就已经不满足于自身的物质局限性，而力求在精神上寻找更为广阔的空间。于是，人类开始重视那些潜伏在石头里的科学价值和美学价值。

在约30000年前山顶洞人居住的洞穴里，就发掘出人骨化石和散落着的被赤铁矿染红的石珠。在当时，这种石珠，既是审美对象，又是宗教用品。毫无疑问，这是人类精神生活的开始，也是人类文明史的起点。这就是人类进化史上的石器时代。

对美石的观赏活动，既是人类文化活动的起点，反转来又促进了原始文化的发展。美石上千变万化的纹理和漂亮的图案，必然会对原始人类的思维活动产生影响。原始人类正是从石头上的自然纹理和图案受到启示，并进行模仿，从而产生了原始文字和绘画，原始艺术萌发。所以，从某种角度来说，人类的文明史就是赏石文化史。

人类的文化史以确凿的事实告诉我们，没有原始人类的赏石文化，就没有人类的现代文明。从女娲炼石补天、精卫衔石填海的古老神话，到《西游记》

里石头中蹦出的美猴王，再到《红楼梦》里由石头幻化成的贾宝玉，无不说明古老的赏石文化对人类审美能力所产生的积极影响。

众所周知，美石象征着坚定、顽强、珍贵、美丽、光明以及各种人类所向往的品质，所以人们用美石比喻坚定的信念。"万里投谏书，石交化豺虎。"石交是最牢固的友谊；垒石成城，灌水成河，石城汤池是最坚固的城池。也许正是由于这个原因，美石的魅力才这样恒久不衰。

然而，在所有的美石中，珠宝玉石是最稀缺、最美丽、最高贵的石头。珠宝玉石以其千变万化的形态、玲珑剔透的美丽、奇特无比的石纹、色泽秀丽的颜色而成为石中之王。

物华天宝，人杰地灵，珠宝玉石是人类精神文明的起点，在人类文明的发展史上，有着无可替代的作用。人类社会中的各种各样的文化形态，无一没有珠宝玉石的参与，而且赏石文化/珠宝玉石文化也是历史上最悠久、影响最深远、传播最广泛的一种高级文化。

珠宝玉石最大的特点是：大自然绝不会造就两块完全相同的珍奇异石，一经发现，它就是世上的"唯一"，具有独一无二、无与伦比的收藏和审美价值。正所谓："一城易得，一石难求。"

珠宝玉石是大自然的杰作。在人类几千年文化史上，造就了一种奇特的"赏石文化"。这种高雅的赏石之风，就是人类审美能力的载体和传播者。可以说，如果没有这种"赏石文化"，人类也就不会有按照美的规律进行创造的能力。

中国汉代礼学家戴德在其《大戴礼记》中说："玉在山而草木润，渊生珠而崖不枯。"珠宝玉石，作为一种文化现象，不但充实了人们的精神生活，而且丰富了人类的文化宝库，使之永远成为人类文化森林中的一棵参天大树。

　　《珠宝价值与鉴赏》就是这样一部关于精美石头的历史与文化的作品，就是这样一部抒写精美石头的赞歌与史诗。这部关于珠宝历史与文化的赞歌与史诗，必将如伟大的诗人屈原所言："登昆仑兮食玉英，与天地兮同寿，与日月兮同光。"

序 三

郭颖 博士、副教授
中国地质大学珠宝学院副院长
中国珠宝首饰行业协会教育专业委员会秘书长

人类是一个从野蛮逐渐向文明进化的高级物种。在数以万年计的文明进化过程中，人类创造了丰富的精神财富与物质财富。人类几乎是本能地将那些对人类身心有益的思想与物品尊称为"宝"。

这样，我们首先遇到的问题就是：究竟什么东西才能算得上是"宝"呢？

"宝"，作为一个独立的概念，其基本字义至少有六种解释：①珍贵的东西；②帝王的印信；③敬辞，称别人的家眷，铺子等；④古代指货币或等价于货币的金银；⑤旧时的一种赌具，方形，上有指示方向的记号；⑥父母亲人对自己刚出生的婴儿的统称。

"宝"这个字在中国上古时期的第一部诗歌总集《诗经》中已经出现，如："稼穑维宝"（《诗·大雅·桑柔》）；"以作尔宝"（《诗·大雅·崧高》）等文献均有记载。

中国上古的圣哲先师们对"宝"也不乏名言警句。诸如："宝玉者，封圭也"（《穀梁传》）；"以其宝来奔"（国语·鲁语》）；"和氏璧，天下所共传宝也"（《史记》）；"轻敌几丧吾宝"（《老子》）；"正得秋而万宝成"（《庄子》）；"不爱珍奇重宝肥饶之地"（贾谊《过秦论》）。

其实，无论从哪个角度来解释，最终都会归结到一个字上，那就是东汉许慎在其《说文》中所讲的："宝，珍也。"所谓"宝"，就是一切被人们珍视的东西。

珠宝玉石的历史与人类的文明史一样久远，人类对珠宝玉石的认识有着一个极其漫长的过程。但是，从古至今，人类所说的宝，从一般意义上来讲，就是所谓的珠、宝、玉、石。

珠是指一切宝石级的珠子。珍珠因其在艰难与漫长的过程中孕育而成，被人们赋予高尚的品质，并且以其璀璨夺目、晶莹凝重的丽质而成为美好和富贵的象征。如果说钻石、红宝石、蓝宝石、金绿宝石、祖母绿是宝石界的"五皇"，那么珍珠就是宝石界的"皇后"。

宝：是指由 3000 余种已知矿物构成的百余种宝石，它们以钻石、红宝石、蓝宝石、翡翠、祖母绿、海蓝宝石、碧玺、尖晶石、猫眼、石榴石、水晶等构成高雅华贵的一族，以其光芒璀璨、金碧辉煌、世间罕见而成为人类的珍宝。

玉：是指所有贵重的美玉，以其温润深邃、天生丽质、美兼五德的品质而成为辉映千秋的象征。玉被称为至宝是当之无愧的，正如《辞海》所云：玉器总称为宝。但反过来说，宝并不专指玉。人们心目中的玉，不仅包含角闪岩的软玉，还包括翡翠、水晶、玛瑙、孔雀石、绿松石、蛇纹石等硬玉和彩玉。

石：是指一切能称得上宝的石材，以其质地坚硬、端庄秀美而显现出"石之美、有五德"的自然伦理性格。石和宝在词汇上经常通称互用。人们也习惯于将宝石单称为宝。但一般仅指制成品和能直接使用的天然品。尚处于原料阶段没有直接供人使用的宝石还不能单称为宝。

我们常常将珠宝玉石统称为"宝石"。人类对宝石的认识可谓源远流长。至少在旧石器时期（前 250000—前 12000 年），人们就已经用贝壳、骨块、动物牙齿和卵石来装饰自己。最初人们所用的是颜色明亮、图案美观的矿物，在装饰宝石的修整技术出现后，人们开始选择使用不透明和较软的宝石。随着最早的宝石切割技术的改进，人们开始使用其他较硬宝石。

宝石的定义很广，所有瑰丽、耐久、稀罕而被高度珍视的矿物都可称为宝石。宝石是以切割和抛光等方式改变其形状而增值的矿物。大部分宝石是以矿物晶体形式出现，如金刚石和蓝宝石；或以晶体集合体形式出现，如孔雀石和硬玉。有些有机非晶质矿物也被归为宝石，如珍珠和琥珀，它们通常被称为有机宝石。

宝石的首要条件是美观，美观可以从多种特性上得到体现：颜色深度或透明度，颜色模式，明亮程度，或其内呈现的光线模式。其次是硬度，宝石应经得起磨损，能长久保持其光泽和形状，让瑰丽得以永恒存在。许多宝石因太软或太脆而不适合做首饰，只能用于收藏。

目前探明的矿物已超过 4000 种，但是可用做宝石的矿物不到 100 种。在这些矿物中，只有一小部分具有重要价值，如金刚石、蓝宝石、红宝石、祖母绿、月光石、石榴石、翡翠、橄榄石、珍珠、尖晶石、托帕石、电气石、绿松石等。

在这些宝石中，最名贵的宝石有 7 种，宝石界通称：五皇、一王、一后。五皇是指：钻石、红宝石、蓝宝石、祖母绿、金绿猫眼。一王是指：玉石之王翡翠。一后是指：珠宝皇后珍珠。

宝石之所以被尊崇为宝，不仅仅是因其稀有、美丽，更为重要的是因为它已经被人神化。它们被称为宝的原因，就在于它们在人类的精神领域所发挥的作用。所以，珠宝玉石并不仅仅是一种贵重物品，也是人类精神、信仰的文化载体。

我们所说的珠宝文化对人类的影响，就是指这种文化对人类精神、气质、崇尚、癖好的影响。人类正是在这种高雅文化的追求中，精神得到了升华，一天天变得真挚、崇尚、纯洁。对整个世界来说，这种文化的影响，随着时间的推移，其意义必将更加深远，其需求也将更加强烈。

过去，珠宝玉石是财富的代表，是权力的象征，是贵族的专属；而今，珠宝玉石已不为权贵所独有，早已悄然走入平常百姓家，成为大众投资、收藏、美化生活和陶冶情操的时尚宠儿。

　　正是在这样一个历史大背景下，《珠宝价值与鉴赏》一书，从人文审美的视角，对珠宝玉石的历史、文化、产地、价值、鉴赏进行了归纳与总结，力求使广大珠宝玉石爱好者在欣赏美的过程中，不断地提高自己的审美能力，从而成为一个美的传播者，一个美的创造者。

　　最后，诚挚地希望《珠宝价值与鉴赏》一书能成为珠宝玉石专业人员和珠宝玉石爱好者的忠实朋友和得力助手。

目 录

第一章 钻石 Diamond

钻石，又名金刚石，英文名Diamond，为来源于希腊文"Adamas"，意为"不可战胜的"，而它最古老的名字其实是梵文的"Vajra"（金刚，也有闪电之意）或"Indrayudha"（战神的武器）。钻石的莫氏硬度为10，是自然界中可以找到的最坚硬的宝石，也是世界上最古老的宝石。大部分钻石形成于33亿年前以及12亿～17亿年前这两个时期。南非的一些钻石形成年龄长达45亿年左右，所以钻石被称为"宝石之王"。

第一节　无色钻石　Diamond

一、钻石历史

钻石的发源地应该是古印度，早在公元前 4 世纪，旃陀罗笈多时代的梵文史诗巨著《摩诃婆罗多》中，就已经出现了对钻石的描述，这是人类历史上关于钻石的最早的文字记载。

古印度人最初关注的并非钻石的美丽，而是其非凡的硬度。公元 6 世纪，在古印度一本研究宝石性质的著作《法宝性论》中，对钻石就有更加确切的描述："世界上的一切宝石和金属，都能被钻石划伤，而钻石却不会被它们划伤。"

在西方，古希腊人认为钻石是陨落到地球上的星星碎片，甚至有人认为钻石是天神滴落的眼泪；还有人认为钻石是由天水或天露凝聚而成的。

1278 年，西班牙学者通过对古代巴比伦文化的研究发现，古巴比伦人认为，钻石是双子星座的第三面目，也视其为金牛座的第一象征。

在中国，关于钻石的确切记载，最早见于晋朝的《起居注》："咸宁三年，敦煌上送金刚……可以切玉，出天竺。"据此推断，中国最早的钻石很有可能是随同佛教一起从印度进入中国的。

甚至有些学者还根据中国古典名著做出这样的推测，《诗经》中有"他山之石，可以攻玉"的名句，《列子》中有"切玉如泥"的"昆吾刀"，其中的"他山之石"以及能够切玉的"昆吾刀"，极有可能指的就是钻石。

现代科学已经证明，地球上钻石的形成年代最早可追溯至 40 亿年前，也就是地球形成之初的时期。明斯特大学矿物学协会的专家们对钻石进行化学分析发现，钻石是在地球最初形成的 3 亿年期间形成结晶的。由此可以推断，我们手指上的钻戒兴许就是由一颗经历了几十亿年粹炼的古老珍宝而制成的戒指。

地球上的钻石一般是通过火山爆发被岩浆带到地球表面的。岩浆在上升过程中也会把一些相关的矿物掳获到地球表面。这些矿物是用来寻找钻石的指示性矿物，在同一土壤范围内，指示性矿物越多，找到钻石的机会就越大。

火山爆发时形成的"上冲管道"是钻石聚集地。一般情况下，钻石开采矿是环绕这些管道修建的。管道的中间是钻石最密集的地方，离得越远钻石就越少。往往这些管道是成束出现的。但是，令人奇怪的是有些管道中基本没有钻石，地质学家们到目前为止也还没有解开这个谜。

稀少的钻石主要出现于两类岩石中，一类是橄榄岩类，一类是榴辉岩类，但仅前者具有经济意义。含钻石的橄榄岩，目前为止发现的有两种类型：金伯利岩和钾镁煌斑岩，这两种岩石都是由火山爆发作用产生的，形成于地球深处的岩石由于火山活动被带到地表或地球浅部，这种岩浆多以管状岩产出，因此俗称管矿（即原生矿）。

大自然有时会侵蚀这些管道，溪流、江河等会顺势把钻石带到河床或岸边。含钻石的金伯利岩或钾镁煌斑岩出露在地表，经过风吹雨打等地球外力作用而风化、破碎，在水流冲刷下，破碎的原岩连同钻石被带到河床、海岸地带沉积下来，形成冲积砂矿床（或次生矿床）。

钻石是大自然赐予人类最美丽、最昂贵的财富。钻石的形成虽然已达 45 亿多年，但人们发现和认识钻石却只有几千年的历史，而真正揭开钻石内部奥秘的时间则更短。在此之前，伴随它的只是神话般的传说，具有宗教色彩的崇拜和畏惧，同时又把它视为勇敢、权力、尊贵和财富的象征。

二、钻石文化

关于钻石，有一句脍炙人口的广告语：钻石恒久远，一颗永流传。短短十个字就诠释了钻石的本质特性，并刻画出人们对钻石的向往。

几千年以来，钻石的至尊地位从未被动摇过。钻石的历史就是一部人类从野蛮向文明进化的历史。钻石的历史与人类文明的各个环节都息息相关。(图 1-1)

（a）　　　　　　　　　　　　　（b）

图 1-1 迪韵皇品钻戒
（a）迪韵皇品；（b）迪韵皇品（俯视图）

1. 钻石与宗教

钻石从进入人类生活之始，就与人类的信仰紧紧融合在一起了。

在西方，中世纪的宗教典籍中，常常会出现钻石的身影。《圣经·出埃及记》曾提到，大祭司亚伦的胸甲上镶有 12 颗宝石，钻石就是其中之一。

在东方，钻石与佛教、印度教有着千丝万缕的联系。"金刚"一词，在佛教典籍中经常出现。藏传佛教中有一种古老的护身符金刚杵，它与钻石有着相同的藏语名字"Dorjes"。有些学者推测，金刚杵两端尖锐的形状极有可能就是模仿八面体钻石原石而塑造的。

钻石也叫金刚石，它是目前所知的地球上最硬的物质。这和《金刚经》的名称与内涵不谋而合，在藏文里，金刚代表万物的潜能，万物的潜能如同钻石一样坚硬与恒久，如果人们拥有了这种钻石般的潜能，便拥有了让我们获得个人与事业成功的源头。

2. 钻石与皇权

人类发展的历史就是一个不断积累财富的过程。但在人类所创造和拥有的财富中，没有一种财富，像钻石一样成为一种充满神秘色彩的宝藏。

钻石明亮、坚硬、永恒而不可战胜的特性使其从发现之初便成为皇权的象征，象征着至高无上的权力。古代帝王总是希望自己的权力如同钻石一样坚固恒久，于是纷纷将钻石镶在象征权力的桂冠和权杖上。

1910 年，英国皇室将当时世界上最大的一颗重达 530.2 克拉的水滴形钻石"库里南非洲之星 1 号"加镶在公元 1661 年为英王查理二世举行加冕典礼时制成的象征王室权力的英王权杖上端，成为世界上独一无二权力的象征。选用稀世的钻石和珠宝来体现王室的尊贵。通过长达几个世纪的收集，英王室拥有了约 22599 件宝石和宝器，实际价值难以估量。

1838 年，维多利亚女王登基，当时王室拥有 2500 颗钻石供她使用；1850 年，维多利亚女王得到印度献上的重达 105.6 克拉的钻石——"光明之山"，并于 1877 年将之镶嵌在王冠上，正是这颗被镶嵌在女王王冠上的钻石激发了威尔基·柯林斯的灵感，写出《月亮宝石》这部经典作品；1907 年，爱德华七世在 66 岁生日时收到了世界上最大的钻石——"库里南"，切磨后的"库里南 I 号"和"库里南 II 号"分别镶嵌在著名的皇家十字权杖和帝国皇冠上。

13 世纪，法国皇帝圣路易斯认为只有圣母玛利亚才有资格佩带钻石饰物，下令禁止妇女佩带钻石首饰。16 世纪和 17 世纪，浪漫的法国人独领钻石新潮流。国王路易十四执政期间，钻石在法国的流行达到顶峰。国王皇宫内摆满珠宝玉石，全身上下金光闪耀。据说他以国家名义购买了重达 10 克拉以上的钻石 109 颗、重量为 4 克拉以上的钻石 273 颗。最著名的一颗重达 112.5 克拉，取名为"王冠蓝钻石"。

俄罗斯古代帝王总希望自己的统治能够绵延不绝，就像钻石一样坚固而恒久。于是，在居住的圣·彼得堡东宫内修建了一座神秘建筑，将所有收集到的珠宝都珍藏在里面，世人称其为钻石库。1724 年，彼得大帝为皇后加冕时，皇冠上镶有 2500 颗钻石。

彼得大帝之后，最痴迷于收集珠宝的是女皇叶卡捷琳娜二世。一次女皇过生日，在收到的上万件生日礼物中，一半多是钻石。女皇的钻石不仅镶嵌成首饰，就连她日常用的东西都要镶满钻石。她有一本 17 世纪的《圣经》，银制的封面上就镶嵌了 3017 颗钻石。

美国人对钻石的兴趣比欧洲人晚了很多年，直到 19 世纪末，美国才时兴钻石首饰，并将它作为爱的永恒象征。据说钻石巨商布雷迪拥有 2 万颗钻石；出版业巨子普利策在一次法国皇室珠宝拍卖会上买到一条镶有 222 颗钻石的项链送给他的妻子；著名影星玛丽莲·梦露、伊丽莎白·泰勒都与钻石有一段美丽的故事。

3. 钻石与爱情

伟大的莎士比亚说："珠宝沉默不语，却比任何语言更能打动女人心。"

我们都知道结婚时要买一枚象征爱意的钻戒送给爱人。这个传统又是从何时开始的呢？

钻戒第一次作为定情信物的故事，发生在 1477 年，奥地利的马克西米利安大公为了得到法国玛丽公主的爱，在订婚之日将一枚象征爱情的钻戒戴在玛丽公主左手的无名指上。钻戒从此成为见证爱情的信物。

钻石是女性展示自己独特魅力和高贵身份的最好象征，钻石的璀璨光芒衬托着女性的容颜之美，而其坚硬无比、独一无二的特质，正是对现代女性坚强、独立个性的完美诠释。正如美国好莱坞性感影星玛丽莲·梦露在电影《绅士爱金发女郎》中高唱的那样："这些石头恒久不变。钻石是女人最好的朋友。"

钻石的独一无二象征爱情的专一，钻石的坚硬象征爱情的坚贞不渝，钻石的纯净象征爱情的纯洁，钻石的璀璨象征爱情的炽热。因此，钻石成了最尊贵的爱情信物，甚至还开启了"无钻不婚"的新风尚。

在象征着坚定爱情的钻石世界里，总是不乏伟大的爱情故事，而那些刻骨铭心的爱情故事，总是在人们的心灵里留下各种各样温存的记忆。

温莎公爵，"爱美人不爱江山"，早已成为世人皆知的爱情故事。

1940 年，温莎公爵送给辛普森夫人庆生的火烈鸟胸针，如今在拍卖场拍出了 1721250 英镑的高价。它记录了两人的伟大爱情，镌刻着一个男人为爱一个女人能放弃所有的决心。

其实，早在公元前 400 年，"爱人"一词就被刻于一枚希腊的订婚戒指上。

到了中古后期，工匠开始把浪漫的爱情诗刻在戒环内。

16 世纪，嫁与英王亨利八世为妻的安，在她的婚戒上刻着："神把我差遣给您。"

1815 年，安娜·米尔班克和世界著名诗人拜伦结婚时，选择了将"无惧"两个字刻在婚戒的外部。

唯有世界上最坚硬的钻石，才能与亘古不变的伟大爱情誓言相匹配。

4. 钻石与星座

星座是占星学中必不可少的组成部分之一，也是天上一群群的恒星组合。自古以来，人类便把三五成群的恒星与他们神话中的人物或器具联系起来，称之为"星座"。

在信仰的世界里，人类往往把人的命运、天赋、性格、爱情与遥远的星座联系在一起。同样，星座与钻石琢形之间，也存在着某种程度的结合。

白羊座、摩羯座——椭圆形钻石

白羊座的人激情昂然，总是毫不吝惜地燃烧自己的激情与能量。白羊座的人做事当机立断，付诸行动时速战速决，是具有首创精神的人。白羊座的人朝气蓬勃、热情坦率、慷慨真诚、坚强勇敢、动作敏捷。

摩羯座的人是具有现实主义思想和抱负的人，同时又容易被热烈的感情所征服，是有着强烈的忘我精神的人。这类人表情平静而淡漠，不太容易接近，喜欢离群独处。

率真善良的白羊座的人和坚忍不拔的摩羯座的人，最适合的是椭圆形钻石，他们的性格就像椭圆形钻石一样稳重却略有变化。

金牛座、处女座——方形钻石

金牛座的人不愿意毫无意义地说教，无缘无故地行动和失去理智地激动。从积极的意义上看，金牛座的人性格平稳、有毅力和耐力，勤劳智慧，富有实干精神。为人处世小心谨慎，感情真诚专一。

处女座的人是谦虚的典范，对每一件事情都要周密计划，仔细安排，喜欢理清事情的来龙去脉，事后做好记录以备查询，每项开支都会详细做账。

个性中规中矩的金牛座和做事严谨的处女座，最适合的是方形钻石，他们的性格就像方形钻石一样整齐且方正。

双子座、射手座——榄尖形钻石

双子座的人无拘无束，对世界万物充满了永无休止的好奇心。这是一个兴趣广泛并愿意承担传播、普及信息使命的人。双子座的人有典型的大城市人气质，生活节奏快，每天有各种各样的活动和安排。

射手座的人性格开朗，思想活跃，注重文化修养，同时又不忘放眼世界。射手座的人贪婪地呼吸着大自然的自由空气，迫不及待地要进入他所渴望的广阔天地里驰骋。

善变且复杂的双子座的人和性格大胆活泼且外向的射手座的人，最适合的是榄尖形钻石，就像榄尖形钻石一样具有明显且独特的两端。

巨蟹座、天秤座——圆形钻石

巨蟹座是夏天开始的第一个星座，夏天把深居简出、思想保守和敏感的性格带给了这一星座的人。出生在这一星座的人，有慈母（慈父）般的热情，也洋溢着孩子般的纯洁和天真，有很强的自制力。

天秤座的人总是寻求着共同点和互相谅解的土壤。和蔼可亲的秉性，使仇恨和敌意永远无法靠近天秤座的人。天秤座的人温柔、娴雅，需要欢乐的生活，需要忠贞不渝的友谊和爱情。

具有高雅气质的巨蟹座的人和爱好和平的天秤座的人，最适合的是圆形钻石，其气质与圆形钻石圆润温柔却又散发着光芒的特性相一致。

狮子座、水瓶座——梨形钻石

狮子座是夏天的第二个星座。炎热的夏天赋予狮子座的人勇敢和胆略，严于律己也严于律人，相信自己的力量和优势，是一个能够成就大事业的人才。

水瓶座的人头脑中不断闪烁着稀奇古怪的想法，是一个富有开拓精神的人。水瓶座的人思维能力高于本能，是先锋派的人物。他真正感兴趣的不是昨天而是明天。

擅长应酬交际的狮子座的人和注重感情的水瓶座的人，最适合的是梨形钻石，好似梨形钻石一端浑圆、一端细窄，深富魅力。

天蝎座、双鱼座——心形钻石

天蝎座的人具有一双极其敏锐的眼睛，能洞察人的弱点和机遇的利弊。无论生活中的还是情感方面的错综复杂的问题，非但不会使他厌烦，相反还会给他的生活增添乐趣。

双鱼座的人有自己独特的缄默方式。他对世界上发生的一切，乃至虚无缥缈的事物都有浓厚的兴趣。这种琢磨不透的思想使他变成一轮神秘的光晕，吸引着许许多多的人。

神秘内敛的天蝎座的人和温和多情的双鱼座的人，最适合的是心形钻石，他们就像心形钻石一般情感丰富。

5. 八大寓意

文化是人类独特的标志，也是钻石文化的重要内涵。钻石代表的八大美好寓意也是钻石文化的重要内涵。

兴旺发达：钻石是宝石之王，所以人们往往把拥有钻石作为事业成功的标志。它标志着一个人、一个团队、一个国家的最高事业和最高成就。大凡成功人士大都对钻石怀着无比的崇敬之情。

纯洁爱情：钻石纯洁透明、经久不变，是纯洁爱情的标志，表示对爱情的永恒追求和忠贞。自从奥地利大公马克西米利安在 1477 年订婚时给法国玛丽公主佩戴了一枚镶有钻石的戒指，钻戒便成为恋人们定情的信物，一直流传至今。

高尚品质——钻石的四大品质：坚硬、恒久、纯洁与璀璨，无一不是人类崇高美德中的典范，世上没有一种物品比钻石更能与人类的这些崇高品德相匹配。正如骆宾王《在狱咏蝉》诗中所言："无人信高洁，谁为表予心。"

非凡能力：钻石是自然界中最坚硬的物质。在地质学中，自然界中矿物的硬度被分为 10 级，钻石是硬度为 10 的唯一结晶物。钻石的硬度是蓝宝石硬度（9级）的 150 倍，是水晶硬度（7 级）的 1000 倍。因此，人们把钻石看成是坚不可摧、攻无不克、能力非凡的标志。

无穷财富：钻石具备美丽、耐久和稀少这三大要素。钻石是唯一一种集最高硬度、强折射率和高色散于一体的宝石品种。这样的宝中之宝，理所当然也就成了贵中之贵。因此，钻石是无穷财富的象征。

无限权力：历代帝王将钻石奉为至宝，深藏宫中，世代相传。并且将钻石视为无限权力的标志，把钻石镶嵌在国王的权杖、皇后的王冠、《圣经》的封面上，以此来显示自己权力的至高无上。

艺术魅力：钻石拥有最璀璨的火彩。1919 年，旅居美国的波兰数学家塔克瓦斯基，根据钻石的临界角，按全反射原理设计出具有 58 个刻面的标准圆钻石琢形，使钻石以璀璨的火彩傲居众多宝石之首，表现出神奇的艺术魅力。

永恒存在：最早的钻石形成于 45 亿年前，几乎接近地球的年龄。地球上的钻石是地下深处炽热的岩浆中少量的纯碳在高温和巨大压力下结晶而成的金刚石。金刚石是地球上存在时间最长的石头，是天长地久的石头，是永恒存在的标志。

三、钻石产地

目前，全球已有近 30 个国家发现钻石矿床，主要分布于非洲、亚洲东北部、大洋洲和北美洲。此外，南美洲、亚洲其他地区也有少量钻石产出。

世界最主要的钻石产出国有俄罗斯、博茨瓦纳、刚果（金）、南非、加拿大、澳大利亚和安哥拉，这 7 个国家的钻石产量占全球总产量的 90% 以上。

1. 产地分布

印度：钻石起源于印度。在 17 世纪之前，印度几乎是当时钻石的唯一产地。早期加里曼丹岛虽然也产钻石，但产量极少。

传说，世界上第一颗钻石是在公元前 800 年由一名奴隶在印度克里希纳河畔发现的。公元前 4 世纪，印度文献中关于钻石的特征、产地等情况的记载是人们所掌握的关于钻石最早的文字介绍，一直到 18 世纪中叶，印度几乎始终是世界上唯一的钻石产地。

18 世纪以前，印度一直是最主要的钻石产出国。印度南部戈尔康达地区因产出了大量钻石而闻名于世，如"光明之海""沙赫""光明之山"等。从公元 1 世纪开始，钻石通过一条连接印度与欧洲的贸易通道——钻石之路，输出至地中海沿岸的古罗马等国，随后的十几个世纪里，钻石以其动人心魄的魅力征服了整个欧洲，其间，印度出产的大批钻石进入了欧洲各国王室中。

巴西：18 世纪初，印度的钻石矿产几乎枯竭。幸运的是，1725 年，在南美洲巴西发现了新的钻石矿，重振了欧洲的钻石贸易。

在 1730—1870 年这 140 年里，来自巴西的钻石主宰了世界的钻石市场。其产量在 1850—1859 年达到顶峰，平均年产量达 30 万克拉。

在巴西采矿业的繁盛期，葡萄牙皇室宣布巴西所有的钻石矿均为"皇家御用"，使得整个钻石产业都处于葡萄牙殖民者的控制之下，钻石矿的开采也被征以重税（高达 20%），称为皇家第五税。

巴西的钻石一度使世界钻石业兴旺，但其供给量有限。到 1861 年，巴西的钻石年产量下降到 17 万克拉，到 1880 年，巴西钻石年产量只有 5000 克拉。

南非：真正让钻石家喻户晓的是南非发现、开采钻石之后的事。被认为世界上最好钻石产地的南非虽然直到 1868 年才开掘出钻石，但到 1882 年这 15 年间南非便发掘出了 2100 万克拉钻石，这一产量相当于巴西钻石矿 200 年的产量，等于印度前 2000 余年开采量的总和。

在南非发掘到的第一颗钻石"尤利卡"，今天被陈列在南非金伯利城钻石博物馆中。"尤利卡"为希腊文，意思是"我找到了"，重量约为 21.25 克拉。两年后，83.5 克拉的巨钻"南非之星"的发现，引起全球轰动，吸引了成千上万的寻钻者涌入南非。

南非钻石出现曙光后，很快在金伯利发现规模巨大的钻石矿床，1872—1903 年，从金伯利城周围的各矿床中开采出来的钻石年产量已达 2000 万～3000 万克拉，占全球钻石总产量的 95%。塞西尔·罗兹在金伯利创立的当时世界上最大的钻石公司戴比尔斯（De Beers）公司，迅速垄断了南非钻石的开采业，并积极向外扩张，让南非钻石一度成为优质钻石的代名词。

俄罗斯：俄罗斯是目前全球钻石产量最大的国家，其产量约占全球钻石总产量的 1/4，钻石储量位列世界第一。俄罗斯出产的钻石颗粒小，但质量较好，优质透明者居多，其中宝石级占 26%，近宝石级占 44%。

俄罗斯钻石矿主要集中在西伯利亚雅库特地区。1954 年，俄罗斯发现首个钻石原生矿"夏日之光"，次年，包括著名的"和平""幸运"在内的 15 个岩筒及部分砂矿床陆续被发现。

"和平"钻石矿坑是俄罗斯最大的古老的钻石矿坑，也是世界第二大的人工矿坑，该矿平均年产量曾高达 200 万克拉。"幸运"与"和平"钻石矿的发现时间相差不过 10 天，是世界上较大的露天矿坑之一，出产了大批高质量大颗粒钻石。

博茨瓦纳：博茨瓦纳出产钻石的价值位居世界第一，是非常重要的钻石产出国。近年来，其钻石储量稳居全球前三。

博茨瓦纳钻石采矿业始于 1955 年，迄今已发现 200 多个金伯利岩岩筒。目前，博茨瓦纳钻石矿主要由政府与戴比尔斯公司合资的德比瓦纳（Debswana）公司运营，四个主要钻石矿为朱瓦能、奥拉帕、莱特哈坎和丹姆莎，在 2011 年总产量达到 2280 万克拉。产品中宝石级占 20%，近宝石级占 50%。

刚果民主共和国：刚果民主共和国，简称民主刚果或刚果（金），其钻石产量巨大，但所产钻石大部分为工业级钻石，其开采历史可追溯至 20 世纪初，如今主要开采的钻石矿是位于河流地区的砂矿，宝石级钻石可达 5 ~ 6%。

刚果民主共和国现在的钻石采矿业包括国家开采和个人开采。2005 年，其年产量达 3000 万克拉的由国家政府控股的 Miba 公司，是世界上最大的工业级钻石供应商。

加拿大：加拿大是近几十年新兴的钻石产出国，目前产量居世界前列。从 20 世纪 90 年代开始，加拿大西北部地区陆续发现钻石原生矿，其中，最重要的矿区是艾卡迪和戴维克。

艾卡迪矿自 1998 年起进行开采，是北美第一个商业钻石矿。"艾卡迪"在印第安语中意为"驯鹿"，该矿区与戴维克矿相距约 20 公里。戴维克矿位于加拿大西北地区的首府耶洛奈夫东北 300 公里处，在北极圈附近，2003 年正式投产，年产约 800 万克拉，预计可开采 16 ～ 20 年。

澳大利亚：澳大利亚一度是钻石产量排名世界前三的钻石产出大国，但近年来，其大型矿山由露天开采转向地下开采，钻石产量正逐年减少。

1972 年，澳大利亚南部首次发现金伯利岩型钻石矿。1979 年，北部地区发现了具有经济价值的钾镁煌斑岩型钻石矿，这是人类首次在非金伯利岩中发现钻石，对全世界钻石矿的勘探意义极其重大。随后，该地区又陆续发现 150 多个同类型钻石矿，其中最著名的是阿盖尔矿。

澳大利亚所产钻石颗粒较小，形状不规则，多带褐色调，仅 5% 可达到宝石级，40% 为近宝石级，55% 为工业级。阿盖尔矿因盛产粉色钻石闻名于世，全球 90% 的粉色钻石产自该矿。

安哥拉：安哥拉也是国际上重要的钻石产出国之一。1909 年，地质学家在安哥拉发现了第一颗钻石晶体，1912 年开始钻石开采。其钻石矿床集中于东北部刚果河谷地区，以砂矿为主，还有数百个金伯利岩岩筒，所产钻石的 70% 可达到宝石级。安哥拉的钻石开采主要由国家钻石公司控制，2008 年钻石产量超过 1000 万克拉。

纳米比亚：纳米比亚拥有世界上品质最高的钻石矿床，所产钻石 95% 达到宝石级，单克拉均价位世界第一。

1908 年，纳米比亚首次发现钻石。如今，由纳米比亚政府与戴比尔斯公司合资建立的纳米戴比 (Namdeb) 公司是当地最大的钻石矿产公司。纳米比亚钻石矿多为滨海砂矿和海底砂矿。

中国：中国是世界钻石资源较少的国家。钻石矿主要分布在辽宁瓦房店、山东蒙阴以及湖南沅江流域。

1953 年，湖南沅江流域首次发现具经济价值的钻石砂矿，分布较零散。20世纪 60 年代，先后在贵州及山东蒙阴找到钻石原生矿。山东常林钻石原生矿品位高、储量较大，但质量较差，宝石级钻石约占 12%，且一般偏黄，带有褐色调，内部包裹体多，以工业用钻石为主。70 年代初，在辽宁南部瓦房店发现我国最大的原生钻石矿，矿储量大、质量好、宝石级钻石产量高，约占 60% 以上。

2. 贸易中心

比利时安特卫普：比利时第二大港口城市安特卫普，是世界著名的钻石加工中心和贸易中心，享有"钻石之都"的美誉。

19 世纪末，安特卫普的钻石贸易已经十分繁荣，钻石商们自发聚集在当地的咖啡店里进行交易，形成了早期的钻石俱乐部。1893 年，世界上第一个正式的钻石交易中心——安特卫普钻石交易俱乐部，在佩利坎街 (Pelikaanstraat)成立。现在，安特卫普共有 4 个各具特色的钻石交易所。

安特卫普的钻石加工业有着 500 多年的历史，当地的钻石切磨师技术成熟、工艺精湛。安特卫普切工在钻石界享有盛誉，已成为"完美钻石切工"的代名词。至 20 世纪 70 年代，全球超过 80% 的钻石原石都是在这里加工的，近 2.5万人从事钻石加工业，许多 DTC（Diamond Trading Company，简称 DTC，是戴比尔斯 De Beers 集团属下钻石原胚经销公司）重要看货商的总部均设于此。据相关统计：2011 年，安特卫普的钻石进出口贸易总额达 565 亿美元。

以色列特拉维夫：以色列特拉维夫是仅次于安特卫普的重要钻石加工与贸易中心。特拉维夫工匠的钻石加工技术被公认是全世界最先进的，拥有自动化的切割和抛光技术及经验丰富的技术人员，尤以钻石的花式加工见长。

第二次世界大战爆发后，越来越多的犹太钻石商回到巴勒斯坦地区，钻石因价值不菲且携带方便，成为犹太人首选的随身携带物品，这为巴勒斯坦地区的钻石业发展提供了契机。以色列钻石交易中心成立以后，钻石加工业得到了政府的全力扶持，如今已成为以色列的支柱型产业。

位于特拉维夫市城东的卫星城拉马特甘，是以色列钻石交易所和钻石工业研发技术中心所在地，也是世界重要的钻石贸易集散地。坐落于拉马特甘市中心的以色列钻石交易中心云集了 2500 家钻石厂商，是世界上最大的钻石交易中心，占地 9 万平方米，由 4 幢摩天大楼组成。大楼间通过内部步行天桥互相连通，每天都有数以万计的业内人士在 4 幢大楼之间匆忙穿梭。

美国纽约：美国纽约是世界金融贸易中心，许多知名的大珠宝商汇聚于此，对世界钻石贸易的影响力可与安特卫普、特拉维夫并驾齐驱。

美国钻石切磨业起源于 1880 年的波士顿，后来很快转移到纽约。20 世纪 30 年代，大批来自欧洲的移民在曼哈顿商业区与住宅区之间靠近洛克菲勒中心的地段建立了钻石切磨厂，后来发展成如今的纽约钻石区。

纽约第五街和第六街之间的曼哈顿第 47 大街，是举世闻名的珠宝一条街，这里被誉为美国珠宝业的"中枢"，纽约的钻石交易所就隐藏在这条街上一幢不起眼的古老建筑里。这里的珠宝店主要是犹太人的家族钻石店，很多已有上百年的历史。

印度孟买：印度是目前世界第一大钻石加工国，所加工的钻石总量占全球的 90%。得益于廉价的劳动力，世界上大部分小颗粒钻石都是在印度切割的，包括澳大利亚阿盖尔矿产出的大量的小颗粒钻石原石。

孟买作为世界重要的钻石加工和贸易中心，已有几个世纪的历史。近年来，印度政府通过关税减免等优惠政策，致力于将孟买打造成为新的"世界钻石之都"。

从 20 世纪初开始，印度西部港口城市苏拉特的钻石加工业迅速发展，逐渐取代孟买成为印度最主要的钻石加工地。如今当地有近 80 万人从事钻石加工。

中国上海：中国的钻石加工业起步于 20 世纪 80 年代初，在短短 30 年的时间里，中国已发展成为仅次于印度的世界第二大钻石切割王国，钻石镶嵌规模位居世界第一，年钻石切割总量和钻石加工从业人数均位居世界第二。

上海钻石交易所成立于2000年10月，是经中华人民共和国国务院批准，设立于上海浦东的国家级要素市场。其按国际钻石交易所的通行规则运行，旨在为国内外钻石商提供一个公正、公平、安全并实行封闭式管理的场所。上海钻石交易所既是一般贸易下全国钻石进出口的唯一通道、海关特殊监管区域，也是一个非营利的、自律性的会员制组织。

中国香港钻石交易所：香港作为东亚最重要的国际钻石交易中心和中转站，汇集了全球各国一些主要的钻石珠宝企业。香港钻石总会致力于增强和巩固香港作为亚洲钻石中心的地位及美誉，目前拥有220多名会员。

四、钻石价值
1. 价值评价

产品稀有：钻石形成条件如此苛刻以致储量稀少，而且钻石资源是不可再生性资源。每一颗钻石都是经历了极其漫长的岁月才得以形成的。早在地球或太阳形成之前，构成钻石的元素就已经存在于宇宙之中了。钻石的成分是碳，也是太阳系中总含量占第四位的元素，正是碳在天体形成的剧烈运动中受到了不可想象的高温高压之后形成了钻石。而能够达到宝石级的钻石更是少之又少，正所谓物以稀为贵，这是钻石价格高昂的最重要原因。

开采困难：钻石矿床的开采，可以说是一项规模巨大，却又细心备至的工作。钻石矿床的探寻往往要花上几十年，甚至上百年的努力和劳动。在钻石的开采过程中，需要非常谨慎并充分分离含钻矿石，又要确保矿石中钻石原石完好无损，开采不当，将导致巨大损失。据粗略估算，提炼1克拉的钻石原胚，至少需要处理250吨左右的矿石。从开采、提炼、切磨到消费者看到的钻石成品，至少要经过几千人的艰辛努力和巨额的投资。这也钻石稀有珍贵的原因之一。

工序复杂：钻石是大自然所创造的奇迹，一颗好的钻石必须通过完美的切割才能散发出璀璨的光芒。但是钻石是自然界中已知最坚硬的物质，钻石的切割只能是用钻石粉来切割，这是一个非常复杂而又细致的过程。一般步骤是：设计标线，劈割和锯切，成型，起瓣抛光等。而每一步骤中还包括了许许多多的小程序，每一个小程序都需要精湛的工艺技术和丰富的打磨经验。

外观美丽：钻石不但拥有很高的折射率，还具有较高的色散。正是由于这两方面的原因，使得钻石在切磨后展现出耀眼璀璨的光芒。另外，经过切割后定型的钻石，由于各个切面之间的立体构架，造成反光、折射等绚丽婀娜的光学梦幻效果。

独特性质：钻石的莫氏硬度为 10。其 3.52 千克每立方米的密度超过了所有其他的天然宝石，且十分稳定。这一性质在重力选矿和鉴定中都非常重要。此外，不容忽视的是，钻石被赋予的独特文化价值，在历史上它被王公贵族视为身份地位的象征，而如今又是永恒真爱的象征，是当之无愧的"宝石之王"。

2. 收藏价值

钻石以其独特的性质被视为勇敢个性、至高权力、尊贵地位的象征，只有国王、王后及权贵方可以负担得起如此罕见、奢华的钻石装饰。

如今，钻石已成为寻常百姓皆可拥有及佩戴的宝石，人们更多地把它看成是爱情和忠贞的象征。

近年来，由于钻石的稀少，加之商家大力炒作，高端市场上的钻石价格不断创出新高。

全球最大的钻石是 1905 年在南非钻石矿发现的无色透明、无任何瑕疵、质地极佳的重达 3106 克拉的钻石原石，以当时矿长的名字命名为"库利南"。1908 年 2 月 10 日，这颗巨钻被劈成几大块后加工，加工出来的成品钻总量为

1063.65 克拉，全部归英王室所有。最大的一颗钻石取名为"库利南Ⅰ号"，也称为"非洲之星"，重 530.02 克拉，为水滴型，有 74 个切割面，晶莹完美，被镶嵌至英国国王的权杖上（图 1-2）。

2013 年，一颗重达 118.28 克拉未命名的椭圆形切割钻石，以 3060 万美元的拍卖价格创造了无色钻石的拍卖纪录。2014 年 9 月 9 日，采掘自南非的一颗重达 232.08 克拉的白钻以其"不同寻常的大小和透明度"令人惊叹，估价为 1000 万英镑。

五、钻石鉴赏

钻石鉴赏，主要是从品鉴和欣赏的角度来分析的，"鉴赏"不同于"鉴定标准"，人们可通过鉴赏了解钻石的价值。

1. 钻石的评价标准

影响钻石价格的主要因素是 4C 标准中的四个指标，就是钻石的重量（Carat Weight）、颜色（Color）、净度（Clarity）、切工（Cut）。在此书中，我们拓展了另外两个影响钻石价格的因素，是人们普遍不太了解的，那就是钻石的洁净度（Cleanliness）和钻石的荧光性（Fluorescence）。

重量：不难理解，就是钻石重量，1 克拉等

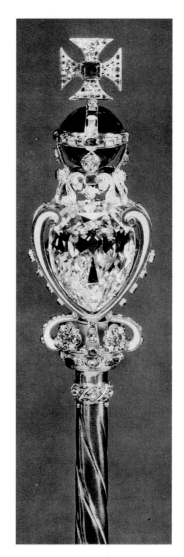

图 1-2 英国国王权杖照片

于 0.2 克，1 克拉又分为 100 分，钻石重量越大，价值越高。（图 1-3）

颜色： 无色钻石的颜色越白，价值越高。国际上把无色钻石的颜色列为 23 个等级，从高到低为 D、E、F、G…Z，也有由阿拉伯数字代替字母来表示等级的，从高到低为 100 色、99 色、98 色…78 色。（图 1-4）

净度： 钻石的净度是根据钻石内含物的大小、多少、颜色以及分布的位置衡量钻石的净度级别的标准，钻石的净度级别越高，价值越高。在十倍放大镜下净度从高到低分为 6 个大级，10 个小级，FL (flawless diamond) 完美无瑕级、IF (internally flawless diamond) 内部无瑕级、VVS 级（VVS1、VVS2）极微瑕级、VS 级（VS1、VS2）微瑕级、SI 级（SI1、SI2）瑕级、I 级（I1、I2、I3）重瑕级。（图 1-5）

切工： 前面三个 C 讲的是钻石天然生成的级别，而钻石的切工是外在的对钻石价值影响的一个标准。钻石的切工越完美，射入钻石的光线经内部折射后

克拉	0.05	0.10	0.20	0.25	0.30	0.40	0.50	0.70
直径mm	2.5	3.0	3.8	4.1	4.5	4.8	5.2	5.8
高度mm	1.5	1.8	2.3	2.5	2.7	3.0	3.1	3.5

克拉	0.90	1.00	1.25	1.50	1.75	2.00	2.50	3.00
直径mm	6.3	6.5	6.9	7.4	4.8	8.2	8.8	9.4
高度mm	3.8	3.9	4.3	4.5	4.7	4.9	5.3	5.6

图 1-3 重量对比图

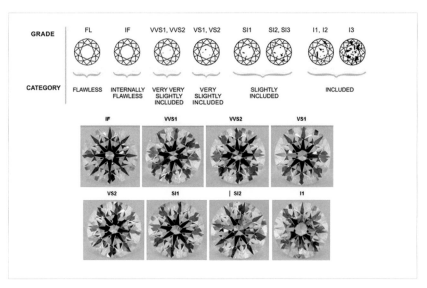

图 1-4 颜色对比图

图 1-5 净度对比图

所呈现出的光芒效果越好，价值也越高。（图 1-6）

圆钻，标准的明亮式切割（57～58 面），也是古典车工，是非常经典和完美的切割方式。57 个面的数值，直接影响钻石切工的好坏，所以我们将一定数值范围内最为标准比例的钻石切工称为"完美切工"。钻石在这样的数值标准下可以散发出最为完美的光芒！

很多人认为钻石切割的面越多钻石越好，其实不然，钻石的琢形有很多，尤其是异形钻，可以延伸出很多的面，并非所有的琢形都是面越多越好。但从价格的角度来讲，对机械和技术的要求越高，一般来说价格也就越贵，如 200 面体就比 57 面体提高了成本价格，所以从收藏角度上讲就是一笔附加费用。然而，多刻面的新式切割的确在折射原理中增加了更多的三棱镜，这样散出的火彩的密度就增加了，同时单束光线也变得更细，间距更近，不过细碎的光束却不如标准光束那般冷静尊贵。

①钻石琢形：钻石的琢形分为圆形、枕形、公主方形、祖母绿形、心形、梨形、三角形、梯方形、椭圆形、花式切割等。

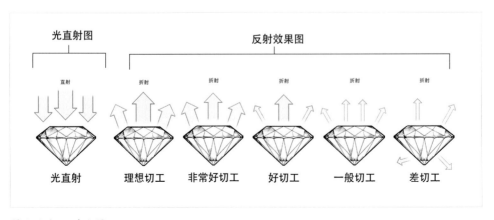

图 1-6 切工对比图

解析钻石的标准切工，以圆钻为例，所谓标准的钻石切工，可以让钻石折射率最大化的钻石切工价值越高。

②标准切工：钻石的标准切工，也是人们常说的3个EX（Excellent）的切工，指的是切工、抛光和对称性全部完美。主要有以下几个等级：

理想切工（Excellent）：只有3%的高质量钻石才能达到的切工标准，这种切工可以将射入钻石的光线完全反射，是一种高雅且杰出的切工。

非常好切工 (Very good)：大约15%的钻石才能达到的切工标准。这种切工可以将射入钻石的光线几乎完全反射，是标准等级切工的光芒。

好切工 (Good)：大约25%的钻石达到的切工标准。射入钻石使内部的光线大部分可以反射出来。

一般切工 (Fair)：代表粗糙度为35%的钻石切工，仍然是优质钻石，但是射入钻石的光反射效果相对较差，钻石看上去缺少璀璨度。

差切工 (Poor)：这包含所有没有符合一般切工标准的钻石切工。这些钻石的切工要么深而窄要么浅而宽，光线从边部或底部逸出。

③切割比例：每一颗钻石都由三个基本部分组成，冠部、腰部、底部。

冠部：是钻石腰部以上的梯形部分。冠部的作用是分散进入钻石内的光线。在完美切工标准下，光线射入钻石内部会使钻石更明亮，使钻石呈现五彩缤纷的火焰。以圆钻来举例，冠部的正中央有一八角形的刻面，称为桌面；桌面的每一边之外有一个三角刻面，称为三角刻面；每两个三角刻面之间有一个菱形刻面，称为风筝刻面；每两个风筝刻面之间，接触腰围的一端，有一对腰上刻面并且成对排列，左右对称，称为上腰刻面。

腰部：腰部是环绕钻石最宽的部分，薄薄的一圈；若从钻石的侧面观察，腰围成一条线。腰部的作用是保护钻石的边缘，防止钻石破裂，并作为宝石镶嵌的边缘。

底部：也叫亭部，钻石腰部以下三角形的部分。钻石底部的作用是使通过冠部进入钻石的光线，反射到人们的眼睛。

以圆钻来说，冠部共有33个刻面，腰围之下有24个刻面，加上尖底1个刻面，总共为58个刻面。

洁净度：洁净度不同于钻石的净度，洁净度是指钻石的玻璃晶体的通透度和透明度。洁净度越高越好。鉴定证书上不会标注钻石的洁净度。例如奶油钻就是一种特殊的钻石，其内含物为云雾状包体，即一组微型或者非常小的白色内含物。钻石虽然看上去很白，但是云雾状包体严重影响了钻石的火彩，使得钻石看起来很浑浊。奶油钻不影响检测证书上的4C标准，但严重影响钻石的反射火彩的效果及品相，同时也严重影响钻石的价格。

荧光性：是钻石具有的一种自然属性。根据钻石荧光的强弱可分为：无荧光（None）、微弱荧光（Faint）、中度荧光（Medium）、强荧光（Strong）、极强荧光（Very Strong）。无荧光的钻石更纯粹、更美丽，价值也最高。此外，有一种蓝色荧光的钻石可以增强钻石的亮白度，其他颜色的荧光都会降低钻石的亮度。荧光越强对颜色等级越高的钻石影响越大，在光线照射下会产生朦胧的感觉（在10倍镜下比较清楚），也会影响高颜色级别钻石的亮度和通透度。

2. 市场评价

稀少特性：宝石的稀少程度往往与其价值成正比。作为"宝石之王"的钻石，在自然界相当稀少，其矿石的典型品位按重量计约为千万分之一。高色级、高净度的大克拉钻石更稀少，其价格会更高，高饱和度的彩色钻石就更是难得了。

市场需求：消费者对钻的需求也是影响钻石价格的因素，若需求量大而供给有限，钻石价值会随之上涨。不同地区、不同时期，市场对钻石的需求都在变化，受经济环境、文化传统及流行趋势等多方面因素的共同影响。花式钻石的价格受市场需求的影响较大，一般比相同品质等级和克拉重量的圆钻价格低 5% ～ 20%。

历史渊源：钻石的特殊出处可以增加其附加价值，例如曾被皇室成员、历史名人、明星拥有过，或经历过特殊的历史事件，都赋予其独特的历史文化意义和无可替代的地位，从而大幅提升钻石的价值。另外，一些古董珠宝还因其年代久远而具有考古价值和科研价值。

经济环境：社会经济发展水平和民众购买观念的变化，会影响对钻石首饰的需求，并直接体现在钻石的价格上。我国近年来经济发展迅速，对名贵宝石的需求逐年飙升，克拉钻石也成为大众的新宠。同样的，经济低迷时，大众的购买力下降，对钻石的需求随之减少。

文化推广："钻石恒久远，一颗永流传"，这句诞生于 20 世纪 40 年代的戴比尔斯广告用语，被公认是 20 世纪最具代表性的广告语。自此，钻石被视为爱情的象征。近几十年来，以钻戒作为定情信物的风俗，在全球，尤其是在东南亚一带，已深入人心，钻石的需求量随之大幅增加。

3. 钻石选购注意事项

钻石因美丽、耐久、稀少的特性及独特的魅力而深受人们喜爱。颜色、净度、洁净度、切工都完美的且无荧光的钻石我们称之为极品钻石，极品钻石的价值最高，1 克拉以上的极品钻石具有收藏价值。璀璨绚丽的钻石首饰常常作为珍贵的珠宝佩戴装饰，能够彰显佩戴者的身份与地位。作为爱情的信使与见证，钻石代表永恒和坚贞不渝。钻石首饰，特别是婚戒，已成为婚嫁的必备品之一。母亲节、圣诞节、情人节、结婚纪念日……在这些特别的日子里，挑选一件精致的钻石首饰作为永久的纪念礼物，已成为一种潮流和趋势。不过在选择钻石首饰时，不能单以一个钻石的重量指标去衡量钻石的价格。注意事项如下：

①具备专业的鉴定证书，例如：美国宝石学院（GIA）、比利时钻石高层议会（HRD）裸石证书和中国国家珠宝玉石质量监督检验中心（NGTC）的成

品证书，双重证更加权威。

②尽量选择正规、信誉度高的大型商场和知名品牌购买，确保所购买的钻石首饰质量可靠、售后服务优质。

第二节　彩色钻石 Fancy Color Diamond

　　钻石是女人之间永恒的话题，光彩夺目的彩钻更令女人按捺不住心中的激动。尽管全世界一年出产的钻石原石约有一亿克拉，但达到宝石级的钻石不到一成，至于高品质的彩钻更是少之又少，因此彩钻也就成为稀世珍宝。

一、彩钻定义

　　全球一年出产约一亿克拉的钻石原石，其中只有不到一成为宝石级，绝大多数为带有些微黄或棕色调的钻石，统称为无色（或近无色）钻石，并且依据它们带黄（棕）的程度，制定了由最无色的 D 色到较多色的 Z 色等级。所含的黄色超过了 Z，则被纳入彩钻范围，成为彩钻等级。

　　带黄或带棕色的钻石颜色以外颜色的钻石，在整个钻石矿中比例甚小，不论是呈粉红色、绿色、橘色、蓝色、紫色，都称为彩色钻石。

　　纵观前述两点，可得如下结论：

　　①无色（或近无色）钻石，所带黄（棕）色没有超过 Z 色级的钻石，称为无色钻石。

　　②所含的黄色超过了无色钻石颜色 Z 色级的各种色彩的钻石，称为彩色钻石。

　　彩色系列包括：超过一定程度的黄色和褐色、红色、粉红色、蓝色、绿色、紫罗兰色、黑色等。大多数彩色钻石颜色发暗，强一中等饱和度的颜色艳丽的彩钻极为罕见。彩钻的形成一是由于微量的元素氮、硼、氢进入钻石的晶体结构之中而产生的颜色；另一种原因是晶体塑性变形而产生位错、缺陷，能吸收某些光而使钻石呈现颜色。

　　色彩在彩色钻石的价值评估上，扮演着极重要的角色。净度、切工、重量等评价钻石的因素不在首先考虑的因素之列。彩钻的魅力来自于其独特稀有的色彩，彩钻的稀有性与颜色的浓艳程度决定了彩钻的价值，彩钻的颜色越稀有，颜色等级越高，价值也就越高；颜色越浓、饱和度越高，价值也就越高。

彩钻珍贵的原因之一源自其稀有性，各种色彩出现的概率，也各不相同。例如红色钻石几乎微乎其微，绿色也极罕见，蓝色、紫色都是稀有的颜色，比较起来，黄色、棕色等颜色相对较多。

二、彩钻产地

目前，市场上的彩色钻石主要来自印度、南非、澳大利亚。

印度：钻石在人类历史中的传奇始于印度南部。作为世界最早发现和加工钻石的国度，印度自然少不了发现彩钻的精彩回顾。比如重达 189.62 克拉呈现淡蓝色的钻石"奥洛夫"、德国珍藏的绿钻"德雷斯顿"、美艳惊人的血色美钻"拉琪"等等，都出自充满神秘色彩的戈尔康达矿区。

南非：南非发现的第一颗彩钻是一颗重达 21.25 克拉的至美黄钻，被命名为"Eureka"。南非普里米尔矿山是蓝色、粉色、黄色和绿色等多种彩色钻石的主要产地。淡蓝色的"库里南"钻石、深蓝色的"永恒之心"重达 545.65 克拉的世界上最大的极品黄钻"金色庆典"及有世界上最大玫红色钻石之称的"斯坦梅茨"均出自这个盛产传奇的地区。

澳大利亚：澳大利亚是钻石产出大国，同时也是黄色、蓝色和红色钻石的主要产地，更是最多出产粉色钻石的地区。直到 20 年前阿盖尔地区的矿山开采，才让澳大利亚每年都有粉钻和玫瑰色钻石产出。由于开采的粉钻数量稀少有限，粉钻长期处于彩钻珍品之列。

三、彩钻价值

1. 价值评价

彩色钻石的价值评定与无色钻石的价值评定有一定的差别。在彩钻的价值评定上，净度、切割、重量等评价因素并不是首先考虑的因素。彩钻的魅力来自于其独特稀有的色彩，所以彩钻的稀有性与颜色的浓艳度才是决定彩钻价值的首要因素。彩色钻石的颜色越稀有，颜色等级越高，相应的价值也就越高。彩钻价值以稀有的红色系列最高，蓝色与绿色系列次之，黑色的价值最低。

彩钻比普通的无色钻石更加罕见，其收藏价值也就受到众多收藏者的关注，但并不是所有的彩钻都具有收藏价值。彩钻最大的吸引力在于其艳丽的色泽，所以挑选具有收藏价值的彩色钻石最重要因素就是对色彩的选择。另外，与无色钻石一样，彩色钻石的价格也随着重量的增加呈几何级数上涨，所以值得收藏的彩色钻石当然是重量越大价值越高，而钻石的切工和净度同样是评价彩钻是否具有收藏价值的重要因素。

2. 彩钻分类

彩钻是世界上十分罕见的钻石。据有关专家统计，每出产 10 万颗宝石级钻石中才可能有一颗彩钻，出现概率仅为十万分之一。

彩钻包括：红钻、蓝钻、绿钻、粉钻、紫钻、黄钻、褐钻和黑钻等。

红钻：又称浅红晶石，一种圆粒金刚石的变种。形状似球，表面常常带有细粒金刚石被壳，中心部分结晶较粗，并常呈核状结构，硬度大，韧性强，但较少见，是彩钻中最为稀有的品种。（图 1-7）

世界上最大的红钻石是 1960 年在巴西发现的，取名"穆萨耶夫"红钻。这颗红钻呈三角形，重 5.11 克拉，虽然这颗钻石的重量不值一提，但是在红钻中却是首屈一指的大钻石，所以价值远远高于与它同等重量和品质的无色钻石。

1987 年 4 月，香港佳士得在纽约拍卖了一颗 0.95 克拉圆形红钻石，成交价高达 88 万美元，即平均每克拉成交价 92 万美元，创下了彩钻拍卖会每克拉最高成交价的世界纪录。

蓝钻：蓝钻是最干净的钻石，它的稀有度仅次于红钻石。如今蓝钻基本上只有南非和澳大利亚出产。（图 1-8）

图 1-7 红钻   图 1-8 蓝钻

2008 年 12 月 10 日，在伦敦的一家交易所，一颗稀有的蓝色钻石以 1640 万英镑成交价拍出。

2008 年 12 月，格拉夫在克里斯蒂拍卖行以 2430 万美元拍得重 35.56 克拉的"维特尔斯巴赫"蓝色钻石。

2014 年 1 月 21 日，南非佩特拉钻石公司发表声明，宣布发现了一颗重达 29.6 克拉的蓝色钻石。专家估计这颗钻石的市场拍卖价在 1500 万到 2000 万美元之间。

2016 年 4 月，一颗 10.1 克拉蓝钻在香港以 2.48 亿港元拍出，创造亚洲宝石拍卖价格最高纪录。

2016 年 5 月 18 日，在日内瓦佳士得"名贵珠宝"拍卖会上诞生了一颗当时世界上最贵的钻石——约 14.62 克拉的"Oppenheimer Blue 蓝钻"，其成交价约为 5060 万美元。

2017 年 5 月 16 日，苏富比拍卖行在日内瓦文华东方酒店举行的拍卖会，拍卖了一颗重达 14.54 克拉的蓝钻"阿波罗"，成交价为 4208 万美元。

绿钻：是由于受到自然辐射而改变晶格结构所致，钻石中的绿色色调变化不一，一颗绿钻中往往绿色的深浅浓淡也不一样。一般来说，以绿色均匀、色调素雅为佳。（图 1-9）

世界上最著名的绿钻是 1743 年发现的"德雷斯顿"绿钻，重 408 克拉，为

图 1-9 绿钻

图 1-10 粉钻

均匀的苹果绿色。当时价值为 300 万英镑，现今估价不低于 1000 万美元。

2016 年 5 月，一颗 5.03 克拉艳彩绿色钻石"极光之绿"在香港佳士得拍卖，最终以 1.3 亿港元成交，创绿钻拍卖价格最高纪录，买主是香港珠宝制造及零售商周大福。

粉钻：是指粉色的钻石，因它的结构发生了变化，所以显粉色。在全球开采出来的粉钻中，只有 10% 左右能够被称作稀世粉钻。（图 1-10）

粉色钻石的稀有、美丽使其成为世界顶级珠宝首饰拍卖会——佳士得珠宝首饰拍卖会上的重要拍卖品。

1994 年，佳士得在瑞士日内瓦拍卖会上拍卖的一颗重 19.66 克拉的粉色钻石，成交价为每克拉 377483 美元，总价值为 740 多万美元。

1995 年，苏富比拍卖的一颗重 7.37 克拉的浅粉色粉钻，每克拉的拍卖成交价为 818863 美元，总价值为 600 多万美元。

2010 年 11 月 16 日，苏富比拍卖行在瑞士日内瓦以 4544 万瑞士法郎高价拍出一颗重达 24.78 克拉的稀有粉钻，刷新了全球单颗钻石拍卖价最高纪录。

2015 年 11 月 10 日，在瑞士日内瓦举办的一场拍卖会上，一颗罕见的重达 16.08 克拉的粉钻与钻戒一同被香港的买家富商刘銮雄摘得，最终成交价高达 2850 万美元。

紫钻：是钻石晶体塑性变形的结果，在同样的条件还可以产生红色的钻石。

紫钻同红钻一样稀有。

目前，为人所知的紫色钻石只有两颗，一是在俄罗斯发现的"皇家紫心"，是目前所知的最大的鲜紫色钻石。另外一颗是更加神秘的"至尊紫心"。关于它的颜色、等级和净度都不太清楚，甚至连它的重量都令人猜测，估计是在 2 ～ 5 克拉之间。

黄钻：是指颜色纯正、色调鲜明的黄色或金黄色的彩钻，又称金钻。除了黄色、金黄色，还有酒黄、琥珀色的彩钻。虽然黄钻较为常见，但达到艳彩级别的黄钻却稀少难求，价值超过白钻。（图 1-11）

褐钻：是一种由晶格变形而产生的颜色，这种晶体缺陷在极端状况下可形成紫红色钻石。褐钻的颜色不够均匀，澳大利亚阿盖尔矿区的钻石常属于此系列。目前褐色钻石比其他钻石系列的价值要低。

图 1-11 黄钻——伊丽莎白之星 wolfers 2010 年

黑钻：是一种天然多晶金刚石。通常呈黑色、深褐色、深灰色，硬度与韧性极佳，硬度最大、韧性最好，但价值不高。

四、彩钻鉴赏

1. 彩钻鉴赏标准

彩钻的鉴赏标准与白色钻石略有不同，依次排序为稀有性、色彩、重量、切工、荧光性、净度。

稀有性：从彩钻的稀有性而言，越稀有的钻石价值越高，同等重量、级别的前提下，价值由高到低依次为红钻、蓝钻、绿钻、粉钻、紫钻、黄钻、褐钻、黑钻。

色彩：色彩是基于同一品类彩色钻石中的评价，对于彩色钻石而言，色彩是最重要的评定标准。彩钻的颜色评定由高到低分别是，艳彩（Fancy Vivid）、深彩（Fancy Deep）、浓彩（Fancy Intense）、彩（Fancy）、淡彩（Fancy Light），颜色评定越高，价值越高。

重量：彩色钻石的重量与白钻的一样，重量越大，价格越高。

切工：切工对于所有的钻石一样都非常重要，切工越好，钻石的火彩度越璀璨，价值越高。同样，彩钻切工等级也分为理想切工、非常好切工、好切工、一般切工、差切工。

荧光性：彩色钻石对荧光的要求与白钻一样，无荧光的最好，价值最高，其次微弱荧光、中等荧光、强荧光、极强荧光。荧光越强价值越低，中等荧光钻石比无荧光的价格要低 5% ～ 10%，强荧光钻石要低于无荧光彩钻的 30% ～ 35%。

净度：彩色钻石中对净度的要求放在了相对较后的位置，但是同样是净度越高，价值越高。

第三节　真假鉴别
True and False Identification

一、代替品

容易与无色天然钻石混淆的半宝石或者人造宝石主要有以下几种代替品：天然锆石、合成立方氧化锆、莫桑石、人造钻石、无色尖晶石、水晶、玻璃。

天然锆石：是一种硅酸盐矿物，硬度为 7.5 ～ 8，是提炼金属锆的主要矿石。锆石的颜色很丰富，有红、黄、橙、褐、绿和无色透明等。锆石的折射率仅次于钻石，是色散值很高的宝石。无色透明的锆石酷似钻石，是钻石很好的代用品。宝石级的天然锆石主要产于老挝、柬埔寨、缅甸、泰国等地。中国东部的碱性玄武岩中也有宝石级的锆石。（图 1-12）

图 1-12　天然锆石

区分天然锆石与钻石的标准：

折射率：天然锆石具有双折射率，透过台面看腰棱，能看到重影现象，而钻石为"均质体"没有双折射率，因而是无重影的。

硬度：钻石的硬度高，在 10 倍放大镜下看钻石的棱线腰面等都比较尖锐犀利，而天然锆石的硬度低于钻石，性脆，棱角线相对厚钝，易磨损。

比重：锆石的密度为 $4.69g/cm^3$，而钻石的密度只是 $3.52g/cm^3$，即锆石是钻石的 1.33 倍，同等体积的锆石比钻石重。

光泽：钻石是金刚光泽，而天然锆石是强玻璃光泽至亚金刚光泽。

合成立方氧化锆：简称 CZ（Cubic Zirconia），莫氏硬度为 8.5，是一种最常见的钻石替代品。立方氧化锆最早由苏联人研制成功，故名"苏联石"或"苏联钻"。天然的氧化锆大部分为单斜晶体，主要以矿物"斜锆石"存在，但极其罕见。

区分合成立方氧化锆石与钻石的标准：

阴影对比：合成立方氧化锆的阴影图为陀轮状，而钻石为放射状。

热导性：钻石的导热性是所有天然宝石中最好的，用热导仪检测钻石会发出"滴、滴、滴"的响声，而合成立方氧化锆则不会发出声响。

莫桑石：是物理特性最接近天然钻石的一种半宝石。天然的莫桑石非常稀少，仅出现在陨石坑内。莫桑石的颜色多为暗绿色、黑色。莫桑石的外观与天然钻石极为相似，肉眼很难分辨，有时连仪器都无法将它们区分开来，但是，仔细对比还是能够发现莫桑的七彩火彩比钻石更强。在专业仪器下测试，莫桑石的火彩是钻石的 2.5 倍。在色散值与折射度上，莫桑石都超过钻石，钻石的色散值是 0.044，莫桑石的色散值是 0.104；钻石的折射度是 2.417，莫桑石的折射度是 2.65。而在莫氏硬度上，钻石则大于莫桑石，钻石是 10，莫桑石是 9.25。

区分莫桑石与钻石有三个标准：

密度：莫桑石的重量比钻石轻，即它们的密度不同，钻石的密度为 $3.52g/cm^3$，而莫桑石的密度仅 $3.22g/cm^3$。对未镶嵌的材料，用二碘甲烷密度液（密度 $3.32g/cm^3$）很容易将两者区分。

硬度：莫桑石的硬度为 9.25，略低于钻石，因此用钻石硬度计在莫桑石表面做刻画试验会留下画痕，而在钻石表面不能留下画痕。

切割：大多数已切割的莫桑石其棱线均较为圆钝，这与具尖锐棱线的钻石完全不同。

人造钻石： 人造钻石在外观上和天然钻石没有任何差异。是一种由直径 10 纳米到 30 纳米的钻石结晶聚合而成的多结晶钻石。人造钻石的分子结构并不是天然钻石的八面体结构，而是一种复杂结构，会产生磷光现象。

根据钻石所含氮原子在晶格中的存在形式、含量和特征，分为 I 型和 II 型两种类型。

I 型钻石含氮较多，II 型不含氮。根据氮在晶格中的存在方式，又可分为 Ia 型和 Ib 型。Ia 型钻石内的氮呈有规律的聚合状态，98% 的天然钻石都属于 Ia 型。Ib 型钻石内的氮以孤立的原子状态取代晶格中的碳原子，天然 Ib 型钻石极少。

自 1954 年美国在实验室用高温高压法和化学气相沉淀法（CVD 法）人工合成第一枚人造钻石以来，合成钻石的技术不断提高，近年来已经合成宝石级人造钻石。但人造合成钻石都属于 Ib 型。由于天然钻石也有极少的 Ib 型，因此，人造钻石的鉴别需要专门的鉴定机构和鉴定仪器才能实现。目前国际上只有少数几家实验室具备鉴别人造钻石和天然钻石的能力。另外，人造钻石的权威证书上会清楚注明该钻石是人造钻石。

无色尖晶石： 尖晶石是镁铝氧化物组成的矿物。纯净的无色尖晶石很稀少，多数天然无色尖晶石或多或少带有粉色色调。

水晶： 是稀有矿物，石英结晶体，在矿物学上属于石英族，主要化学成分是二氧化硅，纯净时形成无色透明的晶体。

玻璃： 人造硅酸盐类，主要成分是硅酸盐复盐，是一种无规则结构的非晶态固体。

二、鉴别简易方法

触摸法： 由于钻石有亲油性，用手指轻轻触摸钻石的晶面，会有黏性。

铅笔法：在鉴定的时候，先把钻石用水湿润，然后用铅笔轻轻地刻画，在真钻石的晶面上，铅笔画过的地方，是不留痕迹的；如果不是钻石，而是玻璃、水晶等材料，就会在表面留下痕迹。

观察法：在一张白纸上，用钢笔画一条直线，将宝石擦净，台面朝下放置于直线上，从底部观察，如果是钻石，透过钻石观察不到直线，而大部分钻石代用品，则可观察到直线或直线的一部分。这种方法只能用于未镶嵌的圆形钻石。

第二章　红宝石 Ruby

　　红宝石，英文名为 Ruby，源自拉丁文，意思是红色。属于刚玉族矿物，三方晶系。因其成分中含铬而呈红到粉红色，含量越高颜色越鲜艳。血红色的红宝石最受人们珍爱，俗称"鸽血红"。红宝石的莫氏硬度为9，仅在金刚石之下。古罗马人将红宝石统称为"红榴石"。在中国古代，称其为"光珠"。红宝石炙热的红色使人们总把它和爱情联系在一起，被誉为"爱情之石"。国际宝石界把红宝石定为七月生辰石。（图 2-1）

图 2-1 Olive Wreath 红宝石项链

一、红宝石历史

关于红宝石的起源，从远古时代起就有着许多神奇的传说。

在缅甸，流传着一个红宝石来源于无底山谷的古老传说。当地人把一块块生肉投向山谷，使谷底的宝石黏在肉上，秃鹫飞进山谷叼起黏着宝石的肉再飞到山顶，人们将秃鹫杀死后就可以得到这些宝石。

还有一个关于红宝石的传说：一条大龙生了三个蛋，第一个蛋孵出了异教徒之王，第二个蛋孵出了中国的皇帝，第三个蛋孵出的就是红宝石。当时的人们认为这是神赐给他们的神圣礼物，是不属于人间的天地精灵。

人类先祖使用红宝石的历史非常久远。公元前 585 年修建的缅甸"瑞光大金塔"就镶嵌了 2317 颗红、蓝宝石。

公元 1 世纪，罗马学者普林尼在其著作《自然史》之中提到红宝石，并描述了红宝石的硬度和密度。

据《圣经·旧约》"出埃及记"中记载：按照耶和华的圣谕，人们制造了圣袍及胸牌。方形胸牌共四份三排，代表十二支派的是十二种宝石，第一种就是红宝石。

大量史料证明，很多国家帝王的王冠都以红、蓝宝石作为装饰品，如英国女王、伊朗国王、俄国沙皇的王冠，伊朗的纯金地球仪也镶嵌了大量的红宝石。

在中国，《后汉书·西南夷传》就有红宝石的记载，当时称其为"光珠"，表明我国在东汉时期就已能分辨红、蓝宝石了。在著名的明定陵发掘中，就发现了大量的红、蓝宝石饰品。

据考古发掘，清朝官员的顶戴花翎规定，亲王以下至一品朝冠顶戴均用红宝石。在慈禧太后的殉葬品中，有红宝石朝珠一对，红宝石佛 27 尊，红宝石杏 60 枚，红宝石枣 40 枚，其他各种形状的红、蓝宝石首饰与小雕件约 3790 件。

红宝石是指颜色呈红色的刚玉，是刚玉的一种。主要成分是三氧化二铝（Al_2O_3）。红宝石的红色来自铬（Cr）致色，只有因Cr致色的刚玉才能够叫作红宝石。天然红宝石非常稀少，因此很珍贵，被列为五大贵重宝石之一。

世界上的红宝石大多被发现于冲积矿床的小范围内。越珍贵的东西其生长环境越苛刻，同样，红宝石的开采条件十分艰苦。比如，产于缅甸的红宝石，通常需要剥去厚达4.6米覆盖层才能达到含宝石的砾石层，然后才能真正进行采矿。

有些宝石产地位于偏僻的荒岛上，夏季闷热，冬季严寒，有的矿井位于悬崖峭壁之上，严重影响了宝石矿床的开采，给矿工的开采带来了许多难以想象的困难。

不难想象，要从大量的砾石中筛选出精致美丽的宝石犹如大浪淘沙般艰难。精挑细选的工作，耗费了大量人力、物力和时间，使得一颗颗闪着绚丽光芒的红宝石更加珍贵。

二、红宝石文化

在珠宝史上，红宝石有极高的文化价值。在《圣经》中，约伯说"智慧的价值超过红宝石"，这种比喻说明当时红宝石就是非常贵重的宝石。

《圣经》中说：红宝石象征着犹太部落。亚伦法衣上的第四颗宝石据说就是红宝石。

古埃及人相信红宝石可以提高热情，增添美艳，使佩戴的人拥有优雅的举止与气质，还认为它是王者至尊的象征。

在古印度，人们认为红宝石能澄清血液，如果被毒蛇咬了或发高烧，可以用红宝石让血液恢复干净，具有治疗的功效。

印度人非常珍视红宝石，在梵语中，红宝石有许多名字，譬如 Ratnaraj（宝石之王），Ratnanayaka（宝石之冠），Padmaraga（红莲）等。印度教徒将红宝石分成 4 个等级，将真正的红宝石称为"婆罗门"，即古印度种姓制度的最高等级——僧侣阶层。

红宝石因其晶莹剔透的美丽颜色，被人们蒙上了神秘的色彩，视为吉祥之物。在古埃及、古希腊和古罗马，红宝石被用来装饰清真寺、教堂和寺院，并作为宗教仪式的贡品。

因为红宝石能够熔化石蜡，并会留下印痕，因此人们相信红宝石存在巨大的力量，将它装在建筑物上可以避免雷雨袭击。古波斯人就认为红宝石可以防止邪念产生和抑制疯狂行为。

在中世纪的欧洲，红宝石被视为慈悲的宝石。如果左手戴上一枚红宝石戒指或上衣左侧戴一件红宝石胸饰，就会拥有逢凶化吉、变敌为友的魔力。

由于红宝石充满生机，有浓艳的色彩，人们将其视为不死鸟的化身，对它产生了热烈的幻想。传说佩戴红宝石的人会健康长寿、爱情美满、家庭和谐。

1936 年，英国国王爱德华八世在情人华里丝·辛普森 40 岁生辰的时候赠予她一条缅甸红宝石项链。同年，爱德华八世退位，封为温莎公爵。此后，温莎公爵和夫人用幸福的时光诠释了一段"不爱江山爱美人"的传奇佳话。

英国女王伊丽莎白二世与菲利普亲王大婚时，新娘的母亲伊丽莎白王后选择了一套红宝石王冠和项链作为女儿出嫁的礼物。从此，红宝石成为皇家尊严与忠诚的象征。

红宝石炙热的红色使人们总把它和爱情联系在一起，被誉为"爱情之石"。国际宝石市场上把鲜红色的红宝石称为"男性红宝石"，把淡红色的称为"女性红宝石"。男人拥有红宝石，就能掌握梦寐以求的权力；女人拥有红宝石，就能得到永世不变的爱情。

三、红宝石产地

1. 产地分布

红宝石的产地比较少，主要分布于缅甸、莫桑比克、泰国、斯里兰卡、越南、印度、坦桑尼亚、中国等地。

2. 产地特征

对于宝石而言，产地不同，所含的矿物质就不同，因此所产出的宝石的颜色、质感等都会带有明显的地域特征。因此，在宝石的鉴定中，产地是很重要的一个标准，不同产地的宝石价值差异巨大。

缅甸：缅甸红宝石有两个主要产地，一是缅甸抹谷（Mogok），另一个是缅甸孟素（Mong Hsu）。

缅甸抹谷是世界上最精美的红宝石的产地，以鸽血红（Pigeon's blood）闻名于世。鸽血红红宝石含有丰富的铬元素，不仅透明度高，而且具有纯正的红色荧光。这种宝石内部含有大量金红石纤维状包裹体，使入射光线可以散射到宝石表面，赋予了宝石罕见的颜色，也使缅甸鸽血红红宝石成为最高品质的代名词，以拥有无法超越的饱和度极高的红色而闻名于世。

目前，缅甸抹谷的红宝石资源已经枯竭。自 2000 年以来，缅甸抹谷整个矿区开采基本处于停滞状态。所以缅甸抹谷红宝石非常稀有，也更加珍贵。缅甸抹谷红宝石价格至少是莫桑比克红宝石的 4 ～ 6 倍，而且克拉重量越大价格相差越大。（图 2-2、图 2-3）

很多人认为缅甸孟素产地的红宝石质量差，价格便宜，其实这种说法是不客观的。孟素的红宝石产地百年以前也是因出产精品红宝石才得以出名，只是目前孟素的高品质红宝石矿基本已经绝矿了。20 世纪 90 年代于抹谷东南方向约 200 公里发现了红宝石新产地，所产的缅甸孟素红宝石与缅甸抹谷所产的红宝石有很大的区别，主要在于孟素红宝石颜色分布不均匀。孟素所产的桶状原石多呈褐红色、深紫红色，其中心具有蓝色或黑色核。经过热处理后的样品也整体呈现红至暗红色，虽然核心的蓝色、黑色色调相应减弱，但仍保留核心的痕迹。部分样品热处理后中心呈不透明的乳白色斑点状。缅甸孟素所产红宝石多数为热处理的红宝石，但偶尔也会产出极少量的高品质的无烧红宝石，价格也是不菲的。（图 2-4）

孟素矿区还产出一种以六条不会移动的"星线"为特征的达碧兹红宝石，透明与不透明的部分被六条不透明不会移动的黄色、白色或黑色星线分割成六瓣。其主要成分是方解石和白云石一类，与哥伦比亚的达碧兹祖母绿相似。

莫桑比克： 桑比克红宝石是目前发现颜色最接近缅甸鸽血红的红宝石。莫

图 2-2 缅甸抹谷红宝石戒指及裸石宝石

图 2-3 紫光下缅甸抹谷红宝石呈现荧光　　　　图 2-4 缅甸孟素红宝石

桑比克红宝石颜色纯正，分布均匀，透明度比较好；由于矿床成因及铬、铁、钛、镁等微量元素含量以红色为主色调，可见纯红、玫红、褐红、粉红等多种色调，颜色分布均匀。莫桑比克红宝石很少含有流体包裹体，多数固体包裹体透明度高，在透射光下肉眼不可见，清澈度不亚于缅甸抹谷红宝石。但亮度上总体偏暗，明显带有褐色调。莫桑比克的红宝石与缅甸红宝石的区别在于：缅甸红宝石的荧光较强，在室内也不会发暗，而莫桑比克的红宝石荧光反应是中到弱，在室内较暗。（图 2-5）

泰国：泰国是红宝石的重要产出国和交易中心，世界上近 70% 的红宝石产自泰国。泰国红宝石铁含量高，颜色较深，透明度较低，多呈暗红色、棕红色。泰国红宝石在日光下不具荧光效应，只是光线直射的刻面比较鲜艳，其他刻面则发黑。泰国红宝石的颜色比较均匀。因为缺失金红石纤维状包裹体，所以泰国红宝石中无星光红宝石品种。（图 2-6）

斯里兰卡：斯里兰卡红宝石以透明度高、颜色柔和而闻名于世，而且颗粒较大，颜色范围较大，从浅红色到红色、粉红、棕红或褐红到樱桃红等。高档品为艳红色略带粉、黄色调，常被称为樱桃红或水红色。另外其色带发育，金红石针细、长而且分布均匀。

坦桑尼亚：坦桑尼亚红宝石常见的颜色有紫红色、橙红色，而粉红和红色则较少，这与红宝石含较高的铁、钛和相对低的铬有关。多数的红宝石裂隙未经愈合，就充填了外来的微粒，使得红宝石的透明度下降。

越南：越南在 20 世纪 80 年代发现几处红宝石新产地，其中陆安红宝石的产量最大，质量最好，次为蔡州的红宝石，两地的红宝石都采自于残坡积层。越南红宝石颜色从粉红到红色，多带有紫色色调，少见鸽血红，具有流纹状的颜色分带现象。

中国：中国红宝石主要发现于云南、重庆、安徽、青海等地，其中云南

图 2-5 莫桑比克鸽血红红宝石戒指及裸石

图 2-6 泰国红宝石

图 2-7 星光红宝石

红宝石稍好。云南红宝石颜色呈玫瑰红色和红色，浓艳且均匀。但是裂理发育，包体和杂质含量较高，绝大多数只能用做弧面宝石，具刻面宝石质量的原石少见。

四、特殊效应红宝石

星光红宝石： 星光红宝石，是刚玉系列中的一个品种，主要成分是氧化铝 Al_2O_3，红色来自铬元素。凡经过切割和琢磨的弧面型，具有星光效应的红宝石均为星光红宝石。（图 2-7）

星光红宝石通常为不透明或微透明的，因含有三组相交成 120° 的平行排列的金红石纤维状包裹体，因此当垂直晶体 C 轴加工成弧面型宝石时，可见有六射星光，偶尔可见双星光即十二射星光。星光红宝石以斯里兰卡所产的质量较优，但色泽不及缅甸产星光红宝石。

美国自然博物馆存有一颗重达 100 克拉的星光红宝石。

五、红宝石价值

1. 价值评价

红宝石是最富历史意义的彩色宝石，在《圣经》中被提及多次，象征美丽与智慧。

千百年来，红宝石常出现在印度民间文学、绘画、音乐等艺术作品之中。印度人相信红宝石能够带来和平；缅甸的武士则相信红宝石能让他们在战争中立于不败之地——他们将红宝石插进自己的身体，成为身体的一部分。

红宝石的历史与西方文明的历史几乎一样久远，从其被发现之日起，就是欧洲权贵们争抢的宝石。到了中世纪，欧洲人则把佩戴红宝石作为寻求健康、财富、智慧和爱情的标志。

要从大量的砾石中逐步筛选出精致美丽的宝石犹如大浪淘沙。平均每 400 吨红宝石矿石，只能筛选出 1 克拉左右的红宝石原矿，对这些红宝石原矿进行再次精选后，每 1000 颗这种矿石中仅能够挑选出一颗在颜色、净度、重量等各方面均达到宝石级的红宝石。

2. 收藏价值

天然红宝石要有特定的环境才能产生，自然是少之又少，十分罕见。全球公认最美的鸽血红红宝石产地在缅甸的抹谷地区，另外非洲莫桑比克的红宝石也逐渐踏上国际舞台，引起世界藏家的注意。

1989 年，苏富比以每克拉 4.4 万美元的价格拍卖了一颗 32 克拉的红宝石。

1995 年，苏富比日内瓦拍卖会上，一颗 27.35 克拉的缅甸红宝石以 400 万美元价格成交。

1998 年，苏富比拍卖了一颗 16 克拉的缅甸红宝石，以每克拉 227.301 万美元成交。

2006 年，苏富比香港春拍，一颗 18.04 克拉的缅甸红宝石，成交价为 1938.4 万元港币。

2012 年，苏富比香港秋拍，一颗 9 克拉的缅甸红宝石，估价已经达 2400 万到 3000 万港币，平均每克拉为 305 万美元到 377 万美元。

2015 年，苏富比香港春拍，一枚宝格丽出品的 27.67 克拉天然缅甸弧（素）面红宝石镶钻指环，竟拍出了 1740 万港元的惊人天价，令全世界的宝石收藏者欢欣鼓舞。

六、红宝石鉴赏

1. 红宝石的鉴赏标准

红宝石分级标准的主要依据是产地、颜色、火彩、透明度、重量、净度、切工。

产地：产地是红宝石的血统，红宝石因产地不同，所含的矿物质也不同，所以不同产地所出产的红宝石在颜色等特征上都有着非常大的区别。在国际珠宝鉴定机构对红宝石的分级标准中，产地是最重要的一个衡量标准。缅甸无烧的红宝石价值比其他产地的同等级别的红宝石至少高出几倍。

颜色：在宝石的鉴定标准中，颜色是一个重要的指标。颜色是指宝石在自然光下所呈现的色彩。由于光源会对红、蓝宝石的颜色产生很大的影响，因此对红宝石分级的观察方法明确要求如下：

将红宝石置于白色背景下，在自然光下，从宝石台面进行观察，红宝石色彩越纯正、越浓艳，品质越高，价值也就越高。在综合影响红宝石颜色的各种因素之后，鉴定机构出具的红宝石证书将红宝石的颜色分成五个级别：粉红、红、大红、艳红、深红。我们通常说的鸽血红色，是属鉴定中的第四级"艳红"。价值最高的是缅甸抹谷的鸽血红红宝石。但是对鸽血红的颜色定义，不同的鉴定机构给出的也有一定的差异，从纯正红色到红色之间的颜色，或略有非常细微的紫色调，都可以鉴定为鸽血红红宝石。所以，对于红宝石的颜色除了看鉴定证书上的颜色分级，还需要用肉眼判断。

红宝石的标准在鉴定证书上没有体现，通过肉眼观察作出的鉴定，还会有几种颜色呈现出来的表现，这些都会对红宝石的价值有影响。

颜色：比如颜色是否均匀是评价宝石的价值的重要因素之一。在观察红宝石时，我们不难看出有的红宝石一半艳红而另一半是深红色，这样的红宝石虽然鉴定证书可以给出鸽血红，但实际价值远低于颜色均匀的鸽血红红宝石。

颜色是否带有明显的黑色皮层。这种黑色调只呈现在红宝石的表面皮层上，不在鉴定的标准范围内，这样的宝石虽然可以鉴定为鸽血红，但是跟艳红的鸽血红红宝石相比价值低很多。

颜色是否带有明显的镀膜层，这是一种形容的说法。红宝石的皮层上可以隐约看到一层类似塑料薄膜的层面，这种红宝石与带有黑色皮层的红宝石相似，虽然也不影响鉴定结果，可以鉴定为鸽血红，但是价值也会略低。

火彩：火彩是色散效应和闪光效应的综合表现，火彩对于红宝石的价值影响非常高。但在鉴定证书上是不会体现这一指标的。其实红宝石的火彩，来源于红宝石本身的折射率，折射率又和宝石的切工、净度、透明度等有关。当白光从刻面射入红宝石内部，因组成白光的每种波长以不同角度折射使光分解，经反射或透射出宝石时，而呈现出光谱的色彩，切工完美的红宝石能形成很好的火彩。同样，净度级别对红宝石的火彩也有影响，完全干净的红宝石，当光线射入，可以完全折射，相反，宝石内部所含杂质会遮挡一部分光的折射效果。除了切工、净度、颜色对红宝石的火彩有影响外，透明度也会影响火彩的呈现。

火彩也是评价红宝石价值高低的一个重要因素。一枚火彩好的红宝石通过视觉观察，随光转动宝石时，可以看到颜色鲜艳，璀璨跳跃的满火彩。开出 70% 以上火彩的红宝石，它的透明度和净度的等级也会是不错的。因为宝石内裂或者外裂、矿坑和透明度差等都会影响红宝石的火彩。

透明度：是指宝石允许可见光透过的程度。在红宝石的肉眼鉴定中，一般将透明度分为五个级别：透明、亚透明、半透明、亚半透明和不透明。透明度越高，相对价值就越高。

①透明：能允许绝大部分光透过，当隔着宝石观察其后面的物体时，可以看到清晰的轮廓和细节。

②亚透明：能允许较多的光透过，当隔着宝石观察其后面的物体时，可以看到物体的轮廓，但细节模糊。

③半透明：能允许部分光透过，当隔着宝石观察其后面的物体时，仅能看到物体的轮廓阴影，看不到细节。

④亚半透明：仅在宝石的边缘棱角处可有少量的光透过，但隔着宝石已无法看清其后面的物体。

⑤不透明：基本上不允许光透过，光线被宝石全部吸收或反射。

净度："十宝九裂"，红宝石的净度鉴定也不例外。宝石的鉴定证书中不会对宝石的净度进行鉴定，但是，对于宝石的价值而言，宝石的净度也是关键之一。红宝石的净度标准是指宝石中内含物、裂隙、杂质以及宝石表面的矿坑等。裂隙又分为开放性裂隙和愈合性裂隙，内裂和外裂等。对宝石的鉴定可根据问题的大小、数量、鲜明程度、裂隙的不同及所存在位置等作简单区分，可将红宝石的净度标准分成五级，一级净度的宝石价值最高。

①一级：肉眼观察极难看到宝石内、外部有严重的问题，仅偶尔内部可见细小的针状矿物，且这些针状矿物也不在宝石台面正中位置。

②二级：肉眼观察难以看到宝石内部有内含物，一般为无色或与宝石颜色相近的其他矿物，宝石底部边缘处略有极小的矿坑。

③三级：肉眼观察可以看见宝石内部有内含物，一般为较大的无色或与宝石颜色相近的其他矿物，有较小的愈合性裂隙，但不呈现在宝石台面的正中位置，宝石底部边缘处有小矿坑。

④四级：肉眼观察容易看见宝石内部有内含物，还有较小的裂隙或者颜色与宝石不同的其他矿物，边缘或者有细小的开放性裂隙和较大的多个矿坑。

⑤五级：肉眼观察极易看见宝石内部有内含物，一般为大的开放式裂隙或较大的其他矿物，甚至在台面正中位置可见矿物杂质或裂隙，外部也可见明显的矿坑或者裂隙。

切工： 包括切磨的定向、类型、比例和对称、抛光程度等。

①定向：红宝石的矿物晶体一般呈桶状、柱状和板状。把红宝石的矿物晶体竖直方向称为 C 轴，假设一颗刻面宝石可以切割成刻面 X 和刻面 Z，其中 X 的台面是垂直于 C 轴的，Z 的台面则平行于 C 轴。刻面 X 和刻面 Z 的区别在于刻面 Z 明显具有二色性。因为不具二色性的宝石价值要高于有二色性的宝石，所以在切磨刻面 X 原石的时候要尽量使宝石的台面垂直于 C 轴。

②类型：红宝石的切工包括刻面形宝石和弧（素）面形宝石两种类型。较大颗粒的红宝石一般采用的是混合切工，通常它的冠部是采用明亮式切割，使宝石呈现出迷人的火彩，亭部采用梯形切工，使宝石保证克拉重的同时获得更好的颜色。

③比例和对称：红宝石的颜色是其价值的体现，为了达到鲜艳的色彩，红宝石的切磨角度并没有一个定性的说法，但是以下几点问题，会对红宝石的切工比例和对称造成很大的负面影响。

不对称。红宝石的不对称性是不可避免的，但明显的不对称会使红宝石的亮光受到严重的影响。

底尖偏心，刻面严重偏离中心会影响光线从亭部均匀地反射出来，也会对红宝石的火彩产生不利的影响。

亭部过深，一些颜色较浅的刻面红宝石的亭部通常会被切割得比较深，以便加深宝石的颜色，这是可以理解的。但是，一些颜色较深的宝石为了保证克重也采取这种切割方式，却会对颜色产生较大的影响。

亭部过薄，亭部过薄，会使光线进入宝石后，不能被反射出来，从而形成较大的窗口区，就是通常所说的"漏光"，也会对红宝石的价值产生较大的影响。

④抛光程度：抛光程度的好坏直接影响红宝石的光泽和火彩，因此也是评价切工不可或缺的因素。

重量：同钻石一样，红宝石在同等品质下，重量越大价值越高。大克拉红宝石之所以稀少，是因为在红宝石的形成过程中，铬元素赋予了它鲜艳的红色的同时，也是造成了红宝石晶体上的细纹和裂缝。因此，只有极少量的红宝石晶体能生长到足够的大小并形成结晶。

无烧的红宝石能够达到颜色、净度、透明度都非常完美的可以说少之又少，3 克拉及以上大克拉的天然无烧红宝石，更是稀有名贵。

而缅甸抹谷的 1 克拉以上的极品鸽血红红宝石都是珍贵稀有的。

2. 星光红宝石的鉴赏标准

星光红宝石的鉴赏标准，依次为星光、颜色、切工、透明度、重量、净度。

星光：星光红宝石是具有星光效应的红宝石。通常为不透明或微透明，因宝石内部含有三组相交成 120°的平行排列的金红石纤维状包裹体，因此当垂直晶体 C 轴加工成弧面形（也称素面）宝石时，可见有六射星光。偶尔可见双星光即十二射星光。

星光是衡量星光红宝石最重要的标准之一，没有星光效应的弧（素）面红宝石，不能称之为星光红宝石，而是弧（素）面红宝石。弧（素）面红宝石的价值远低于同等级别的刻面红宝石。

星光红宝石的星光标准是当一束光从正中垂直照射时，宝石呈现出六条星光线，星光线的交会点在正中位置，每条线的长度一致，清晰、犀利为最优，价值最高。

切工：星光红宝石的切工与刻面红宝石的切工不太一样，星光红宝石的切磨、定向很关键，比例、对称、抛光程度等，都会影响星光的呈现效果。

颜色、透明度、重量、净度都与红宝石的鉴赏标准一样。

3. 红宝石的优化处理

由于天然红宝石的市场价格居高不下，因此也出现了提高宝石质量的办法，我们称之为红宝石的优化处理。红宝石的优化处理分为热处理和充填优化。

首先我们要了解什么是天然红宝石。天然生成的红宝石矿，从矿区开采出来，没有经过任何的美化处理，直接切磨出来的宝石称为天然红宝石，也称为无烧红宝石，鉴定标注为 No indication of thermal treatment。目前，国际珠宝鉴定机构出具的鉴定证书都会对红宝石的优化进行鉴定，只有无烧红宝石才具有收藏价值。

红宝石的热处理： 宝石是由于在自然界深处，经过亿万年的高温高压形成的，这是大自然本身的"烧"。现在人们利用先进的科学技术，模仿自然界的条件对宝石进行加热，这样的优化方式，就是现在人们所谓的"烧"。

宝石的"烧"又分为"老烧"和"新烧"两种；"老烧"（H），"新烧"【H(a/b/c/d)】。

"老烧"（H）是指热处理后在宝石中没有留下残留物，只提升宝石颜色的明亮度，对于宝石的净度、火彩、色带、裂隙、内含物等没有任何改变，维持了宝石的天然性。

"新烧"【H(a/b/c/d)】是指在热处理时注入了溶色剂等外加物质，改变了宝石的天然性，在宝石内部留下残留物，从专业上来讲已不能称之为天然。新烧 H(a/b/c/d/Be)E（IM）代表热处理填充的残留物（微、少、中、明显）。

H(a)——热处理填充微量残留物 (愈合裂隙有硼砂等残留物) 小范围注色，性质比较稳定。

H(b)——热处理填充少量残留物 (愈合裂隙有硼砂等残留物) 内部大量注色，性质不太稳定。

H(c)——热处理填充中量残留物 (裂缝或洞痕愈合处有硼砂或玻璃状物质等残留物) 内部全部注色，性质极不稳定。

H(d)——热处理填充明显残留物 (裂缝或洞痕愈合处有硼砂或玻璃状物质等残留物)。

H(Be)——代表以轻微元素进行之热处理，铍扩散处理。

E(IM)——代表包括铍元素等轻微元素之扩散式热处理，诱发形成色域及颜色中心（此法和传统表层热扩散处理不同），视为永久性处理，重新切磨需特别注意颜色区域分布。

星光红宝石一般不进行热处理，否则会影响金红石包体，造成星光消失。

红宝石的充填优化：充填优化是为了改善红宝石的外观而特意进行的优化处理行为。通过充填处理，用油、环氧树脂、玻璃或其他聚合物等硬质材料充填，来掩盖宝石表面的缝隙、孔洞，达到增加透明度和耐久性的目的。

①传统注油（胶）、红油或者灌蜡处理

缅甸无烧的红宝石，裂隙发育，所以这种方式多用于缅甸无烧红宝石，以浸油或灌蜡于裂隙中为主。有一些带紫色调到粉红色调间的红宝石充填橙色油，目的是让红宝石的颜色变得更鲜艳。

②铅玻璃充填处理

铅玻璃充填多用于低档红宝石。这类红宝石通常透明度差、裂隙较为发育，商业价值不高。利用铅玻璃充填，可使红宝石中的裂隙得以较好地填补和愈合，并能有效地改善红宝石的净度和透明度。但是经过这种充填处理的红宝石，在高温环境下，可能会使内部铅玻璃析出，对人体造成伤害！

③硼酸钠充填处理

硼酸钠充填处理是通过在热处理的过程中加入硼酸钠，温度达到885℃时硼酸钠的熔融液可以起到熔解红宝石的作用，当温度达到1400～1600℃高温时，红宝石裂隙表面开始熔化，形成局部熔融体，随着温度的逐渐降低，裂隙愈合。通过这种处理方式，红宝石的裂隙得到充填，成功地提高红宝石的净度、透明度和色彩。

这种充填处理，通常在原裂隙面留有残留的硼酸钠及热处理痕迹。这种热处理后红宝石裂隙的硼酸钠充填物与红宝石融在一起，因此在实际的鉴别中具有很高的难度，极具迷惑性。

4. 相似宝石鉴别

红色石榴石： 红石榴石又称红榴石，是石榴石之铝榴石系列中的镁铝榴石，属于常见的石榴石品种。红石榴石的红色是因内含物铁和铬造成的，与泰国的红宝石颜色有一定的相似度，但红榴石分布在火山岩和冲积矿床之中，所以它的结晶体都不大。

红色尖晶石： 尖晶石莫氏硬度为8，是排在五大名贵宝石之后、莫氏硬度最高的宝石，尖晶石是红宝石的伴生矿，高品级的红色尖晶石颜色可与红宝石颜色媲美。

红色的尖晶石常常被人误认为红宝石，1660年被镶在英国国王王冠上重约170克拉的"黑王子"红宝石，以及目前世界上最具有传奇色彩、最迷人的重361克拉的"铁木尔"红宝石，直到近代才被鉴定出都是红色尖晶石。

红色电气石：电气石具有更明显的多色性，刻面宝石在合适方向可见后刻面棱重影。

红柱石：红柱石具有肉眼可见的强多色性，颜色为褐黄绿、褐橙和褐红三种颜色。短波紫外光下红柱石具有无色至中等绿色、黄绿色荧光，而红宝石具有无色至中等红色荧光；红宝石在红区有明显的铬吸收线。

红玻璃：红玻璃为均质体，无多色性；放大检查，红玻璃内可见气泡、漩涡纹等现象；具有典型的贝壳状断口，棱线明显；玻璃密度小，手掂有轻感。

5. 真假鉴别

人造红宝石：人造红宝石在密度、硬度、颜色等方面与天然红宝石极为相似。直观地判断，人造红宝石质地匀净，无天然杂质，色均匀而色正，常常颗粒较大，缺少自然感。

夹层红宝石：上端是一层透明的天然刚玉，底下的亭部是合成宝石，从上方观察可以看到天然的内含物，让人误以为是天然红宝石。

两种简易的鉴别方法：

影像法：此法适用于刻面型的宝石，红宝石的光学性质决定了它是唯一具有中环型、双彩虹有部分重叠的红色宝石。红宝石颜色艳丽，在光源照射下，能反射出美丽动人的六射星光，俗称六道线，这是红宝石的特殊晶体结构所致，是其特有的光学现象。通过光谱仪鉴定，天然红宝石在分光镜中光谱可见到波长 450mm 的黑线，见到这种影像可以肯定是天然红宝石，人造红宝石没有这条吸收黑线。

硬度法：红宝石是红色宝石中唯一硬度为 9 的宝石，立方氧化锆的硬度为 8.5，是人工合成品。此法适用于宝石原料和各种琢形红宝石鉴定。但它属于有损鉴定，对刻面宝石慎用。切不可以用立方氧化锆的尖棱去刻画红宝石台面，否则红宝石上会留下画痕。

第三章　蓝宝石 Sapphire

　　蓝宝石，英文名为 Sapphire，源于拉丁文 Spphins，意思是蓝色，属于刚玉一族，蓝宝石的莫氏硬度为 9，硬度仅次于金刚石，除了红色的刚玉被称为红宝石，其他所有颜色的刚玉都被统称为蓝宝石，它包括白色、黄色、绿色、黑色等多种颜色。

　　只有蓝色的刚玉宝石可以直接定名为蓝宝石 Sapphire（图3-1），其他颜色的刚玉宝石定名时需在蓝宝石名称前冠以颜色形容词，如黄色蓝宝石、绿色蓝宝石等。所以，蓝宝石并不是仅指蓝色的刚玉宝石，它除了拥有完整的蓝色系列以外，还有着如同烟花落日般的黄色、粉红色、橘色及紫色等，这些彩色系的蓝宝石，被统称为彩色蓝宝石。少数蓝宝石具变色效应，它们在日光下呈蓝色、灰蓝色，在灯光下呈暗红色、褐色，变色效应一般不明显，颜色也不十分鲜艳，被称为变色蓝宝石。

图 3-1 "Princess Peacock" 皇家蓝蓝宝石项链

第一节　蓝宝石 Sapphire

一、蓝宝石历史

蓝宝石与红宝石是"姊妹宝石"，所以它们的起源历史也基本相似。蓝宝石自古以来就是智慧的象征，所以无论是中世纪的预言家，还是今天的罗马教皇、大主教，都将蓝宝石作为至爱和必备之物而珍藏。

早在古埃及、古希腊和古罗马，人们就深信蓝宝石可以保护它们的主人远离嫉妒和伤害。因而蓝宝石被用来装饰清真寺、教堂和寺院，并作为宗教仪式的贡品。人们还将基督十诫刻在蓝宝石上，作为教士的环冠宝石。

在《圣经·旧约》中，犹太人相信蓝宝石来自造世主耶和华的王座，为了给陷于混沌迷惘中的犹太人民带来一道光明，而被神从王座上剥离下来，掷于人间以传达神的心声。也许正是因为这个原因，蓝宝石成为神职人员佩戴的不二选择。

在古波斯，蓝宝石那大海般蔚蓝的色彩，代表着地球上生生不息的活力。所以，古代波斯人相信：大地是由一块巨大的蓝宝石支撑着，天空就像一面镜子，当阳光洒落于大地，经蓝宝石的光辉反射，天空才能呈现出宁静迷人的蓝色。

在古印度，人们在"轮"的颜色理论中认为，蓝色代表咽喉轮，位于喉核，表示通畅、交流。它影响支气管、发声气管及消化道、甲状腺、肌肉、耳朵等。所以，古印度人认为蓝宝石可防治咽喉和肺部疾病。如果嗓子红肿发炎，在颈间佩戴蓝宝石就能缓解炎症。

在中世纪的欧洲，人们认为佩戴蓝宝石项链可治疗因发热引起的神经错乱，还具有增强心脏机能、消毒、清血及矫正视力的作用。另外，在中世纪，天使的胸前都佩戴着一枚蓝宝石胸针，说明蓝宝石在当时的教会中具有崇高的地位。

在古代中国，蓝宝石是身份的象征。按礼制规定：朝冠分一至九个等级。一品官员的帽顶是红宝石；二品官员的帽顶是珊瑚；三品官员的帽顶是蓝宝石；四品官员的帽顶是青金石；五品官员的帽顶是水晶。而七至九品官员的帽顶却是由金饰品装饰的，显然金不如宝石珍贵。

在欧洲，几个世纪以来，蓝宝石一直与皇室和浪漫联系在一起。

温莎公爵曾选择蓝宝石作为爱的信物，那枚旷世闻名的"猎豹"胸针上就镶嵌着一颗稀有的 152.35 克拉的蓝宝石。1987 年，在著名的苏富比拍卖会上，这枚由钻石和蓝宝石守护的爱的礼物，最后以 154 万瑞士法郎被卡地亚购回。

1981 年，当英国的查尔斯王子将一枚蓝宝石订婚戒指带在戴安娜·斯宾塞的手指上时，这枚蓝宝石戒指就在古老的神话故事和当代时事之间架起了一座互通的桥梁。

在民间传说、历史、艺术以及消费意识中，大家都以为所有的蓝宝石都是蓝色的。

1935 年，在澳大利亚昆士兰发现的蓝宝石原石重 2303 克拉。

1948 年澳大利亚昆士兰又发现了重 733 克拉的黑星光蓝宝石，是世界上最大的一颗星光蓝宝石。2009 年英国女王伊丽莎白二世曾佩戴镶嵌着这块宝石的王冠出席活动。

2013 年 9 月，斯里兰卡发现了一颗原石重 162.5 克拉的星光蓝宝石，打磨成功后的宝石重量为 67.98 克拉，被命名为"紫蓝之星"。"紫蓝之星"在日光下呈靛蓝色，没有瑕疵、全透明、星光完美、灵活、清晰明亮。更为惊奇的是这是一颗"变色星光蓝宝石"，该宝石在白色光源下呈蓝色，在黄色光源下呈紫色，在紫外灯光下呈红色。

2016 年 1 月，斯里兰卡宝石协会宣布，该国发现了世界上最大的星光蓝宝石。这颗宝石重达 1404.49 克拉，估价至少 1 亿美元。

二、蓝宝石文化

从远古时代起，蓝宝石就有着许多传奇的故事。蓝宝石的文化历史与人类的文明历史一样久远。

传说，很久以前，有一个名叫班达的青年，十分勇敢。在一次与魔王的搏斗中，把自己变成了一支巨大的飞箭，深深地刺入魔王的咽喉。凶恶的魔王在临死之前拼命挣扎，以致把天撞碎了一角，使天上的许多星星纷纷坠落。其中一些沾上魔王鲜血的星星变成了星光红宝石，没有染血的星星则成了星光蓝宝石。

蓝宝石以其深邃、凝重的美丽颜色，代表着浪漫、高贵、平静、和谐和满足，让佩戴者免于遭人妒忌，蒙受神灵垂爱。所以，在宗教绘画中，常用蓝色表示与上帝同在。

由于古老而悠久的历史文化，人类给予蓝宝石许多美好的赞誉：

命运之石：蓝宝石以其晶莹剔透的美丽颜色，被古代的人们蒙上神秘的超自然的色彩，被视为吉祥之物。星光蓝宝石又被称为"命运之石"，被赋予忠诚、希望和博爱的美好象征。世界宝石学界定蓝宝石为九月的生辰石。日本人选其作为结婚 23 周年（蓝宝石）、26 周年（星光蓝宝石）的珍贵纪念品。

帝王之石：自古以来就有"拥有它者必为王"的传说，所以蓝宝石又有"帝王之石"的美称。几乎每一个时代的皇室都被其吸引，并将之视为保佑圣物和典藏珍品。蓝宝石与钻石、珍珠一起成为英国国王、俄国沙皇皇冠上和礼服上不可缺少的饰物。从彼得大帝开始，俄国君王就充满了对蓝宝石的疯狂热爱，著名的"俄罗斯钻石宝库"即使在 75% 的宝石被盗流入民间的情况下，库存中还依然拥有总重约 1700 克拉的大颗粒蓝宝石和总重约 2600 克拉的小颗粒蓝宝石。

爱情之石：不知从何时起蓝宝石和爱情结下了不解之缘，常常被看作是纯爱的结晶和对感情坚贞忠诚的象征。对于恋人，蓝宝石更是检验感情的试金石，传说热恋会让蓝宝石的光彩更夺目，而当其中一方变心时，光泽就会随之黯淡、消失。如果将蓝宝石镶嵌成戒指佩戴，就会带来幸运和美满。

关于蓝宝石的传说不计其数，几乎任何民族对它都异常倾心。在西方，女士会把蓝宝石戒指作为自己的订婚戒。世界上第一台和棋王对弈的计算机便因蓝宝石的美好寓意被命名为"深蓝"。忠诚、智慧、和谐、友谊、稳重，蓝宝石被赋予了无数美好的寓意！

三、蓝宝石产地

1. 产地分布

世界上蓝宝石产地有很多，主要有缅甸、斯里兰卡、泰国、澳大利亚、中国等，就宝石质量而言，以缅甸、斯里兰卡出产的质量最佳。依据地质成因不同，可分两类：一类是缅甸、斯里兰卡和克什米尔产的蓝宝石，另一类是澳大利亚、泰国、中国产的蓝宝石。

2. 产地特征

克什米尔：克什米尔位于印度和巴基斯坦边界。克什米尔蓝宝石于 1879 年发现，产量甚少，在之后 10 年间便被挖掘殆尽。克什米尔产出的"矢车菊"蓝宝石与德国的国花矢车菊的蓝色非常相似。"矢车菊"蓝宝石，一直被誉为蓝宝石中的极品。"矢车菊"蓝色是一种朦胧的略带紫色色调的浓重的蓝色，明亮度大，色彩鲜艳，给人以天鹅绒般的观感，目前在市场上很难看到克什米尔出产的"矢车菊"蓝宝石。（图 3-2）

缅甸：缅甸蓝宝石有透明蓝宝石和星光蓝宝石两种。缅甸蓝宝石以其纯正的蓝色或具有漂亮的紫蓝色内反射色为特征。在日光下与克什米尔蓝宝石很相似，也有丝绒般的感觉，这种蓝色的饱和度、美丽度、明艳度远远超越其他产地的蓝宝石。缅甸蓝宝石有蓝色、黄色、灰色和白色，多不透明，蓝宝石含绢丝状包体，琢磨成弧面宝石后可呈现六射或十二射星光。这里的蓝宝石多产自砂矿之中，晶体多浑圆。

美国华盛顿斯密逊博物馆的星光蓝宝石"亚洲之星"，产于缅甸，重330克拉，是世界十大宝石之一。

目前质地干净、颗粒完整、纯正的缅甸"皇家蓝"蓝宝石（图3-3）和"矢车菊"蓝宝石是其他产地的蓝宝石无法超越的，大颗粒的出产量日益稀少，成为最具收藏价值的顶级蓝宝石。

(a)

(b)

图 3-2 (a) 克什米尔"矢车菊"蓝宝石；(b) 矢车菊花

图 3-3 缅甸"皇家蓝"蓝宝石

斯里兰卡：斯里兰卡蓝宝石和红宝石同属一个矿区，除颜色不同外，其他的特点完全相同。斯里兰卡蓝宝石，以总体颜色丰富、透明度高的特征，区别于其他任何产地的蓝宝石。其颜色除蓝色系列外还有黄色、绿色、粉色、橙色等多种颜色品种。蓝色系列中有灰蓝、浅蓝、海蓝、蓝等多种颜色。其高质量的蓝色蓝宝石成品具有艳丽的翠蓝色内反射色。

其包体种类如下：绢丝状包体，与缅甸蓝宝石特点相似，区别在于纤维细而长，可呈现六射星光；液体包体呈不定形层状展布或呈指纹状展布；固态包体，有锆石、磷灰石、黑云母等。

斯里兰卡是世界上重要的蓝宝石产地，蓝宝石开采历史悠久，据称已有2000多年。世界上最大的星光蓝宝石（重达 1404.49 克拉）和世界上第三大的星光蓝宝石（重 393 克拉）就产于斯里兰卡砂矿中。斯里兰卡所产的蓝宝石质量高、产量大，在世界上首屈一指。（图 3-4）

马达加斯加：马达加斯加蓝宝石是近几年被人们渐知的中高档蓝宝石。马达加斯加蓝宝石产于太古代变质岩系的蚀变大理岩和硅钙质片麻岩中。宝石一般呈深蓝色，有肉眼可见的色带。目前价值略低于斯里兰卡蓝宝石，但高品质的马达加斯加蓝宝石可以与斯里兰卡蓝宝石相媲美。（图 3-5）

泰国：泰国蓝宝石呈带黑的蓝色、淡灰蓝色。最具特征的是黑色固态包体

（a）　　　　　　（b）

图 3-4 （a）"King of Wolfers" 斯里兰卡蓝宝石戒指和（b）斯里兰卡蓝宝石

图 3-5 马达加斯加蓝宝石

周围有呈荷叶状展布的裂纹。晶体中没有绢丝状包体，但指纹状液态包裹体发育。三组聚片双晶发育，裂理沿双晶面裂开。

中国： 20 世纪 80 年代在中国东部沿海一带的玄武岩中相继发现了许多蓝宝石矿床，其中以山东（昌乐）蓝宝石相对质量最佳。山东蓝宝石，与泰国蓝宝石相似，铁（Fe）高于钛（Ti）几十到几百倍，颜色呈深靛蓝色，晶体较完整、颗粒大，但山东蓝宝石总体质量不高，体现为颜色发暗；透明度不高；色环、色带发育含有多种包裹体。山东蓝宝石中多包裹体的存在降低了宝石的等级。但在某些特殊情况下包裹体又产生魔彩效应，形成了星光蓝宝石及魔彩蓝宝石等品种。

澳大利亚： 澳大利亚蓝宝石主要产在昆士兰州东部和新南威尔士州两地，这里的蓝宝石常含尘埃状包体，而且由于铁的含量比较高，宝石颜色发暗，多呈近于炭黑的深蓝色、黄色、绿色或褐色。当颜色太深甚至接近黑色时，价值会大跌。1935 年发现于澳大利亚昆士兰州的蓝宝石，原石重 2303 克拉，艺术大师诺曼·马尼斯花了 1800 小时，把它雕刻成了美国历史上著名总统林肯的头像。

四、特殊效应蓝宝石

1. 星光蓝宝石

星光蓝宝石内部含有大量细微的金红石矿物，打磨成弧（素）面形，顶部会呈现出六射星芒。星光蓝宝石的价值取决于六道星光线的交会点是否位于宝石正中央，六条星光线是否完整、细直、犀利、明亮。随着光线的转动，星线灵活移动。

星光蓝宝石的透明度通常是半透明至透明的，宝石的表面会呈现出一种绸缎般的绢丝质感，非常迷人。（图 3-6）

斯里兰卡、缅甸、马达加斯加等地都有星光蓝宝石产出，以缅甸的"皇家蓝"

星光蓝宝石最为迷人，价值也最高。

2. 变色蓝宝石

变色蓝宝石就是具有变色效应的蓝宝石。由于吸光产生变色，在日光和灯光的照射下会产生不同的颜色。变色蓝宝石在日光下呈蓝色、灰蓝色；在灯光下呈暗红紫色、褐红色。但变色效应一般不是很显著，颜色也欠艳丽。以在日光下可呈现美丽的蓝色，在灯光下呈美丽的红紫色的变色蓝宝石为最高品。在中国新疆帕米尔地区、坦桑尼亚乌姆巴河地区均有产出。（图3-7、图3-8）

图 3-6 星光蓝宝石

图 3-7 变色蓝宝石

图 3-8 变色蓝宝石证书

五、蓝宝石价值

1. 价值评价

蓝宝石是世界五大名贵宝石之一，以其晶莹剔透的美丽颜色，被古代人蒙上神秘的超自然的色彩，被视为吉祥之物。蓝宝石向来贵为皇家之宠，英国女王伊丽莎白二世加冕时所佩戴的帝国皇冠，上面除了镶有"库里南 II 号"钻石与"黑王子"红宝石，镶嵌数量最多的彩色宝石就属蓝宝石。最著名的一颗镶在皇冠顶部十字中心，称"圣·爱德华"蓝宝石，是帝国皇冠上最古老的一颗宝石，历史可追溯到 11 世纪英国国王忏悔者爱德华的加冕戒指上。

现代科学为我们解释了蓝宝石对人体的作用，主要表现在两个方面：

①生理作用：蓝宝石对消化系统和生殖系统有很好的作用，可以帮助人体吸收营养，提高消化能力。也能缓和皮肤、头发、眼睛、肝脏、胰腺等器官的退化。睡觉的时候将蓝宝石放在枕头下面可以帮助睡眠，还能防止梦游。另外女生佩戴蓝宝石可以调节内分泌问题，还能提高生育能力，对生理经痛也有缓和作用。

②心理作用：蓝宝石散发的柔美气息可以中和个性，一些性格暴躁、冲动型的人佩戴极有好处，它能使人的心情变得平静，性格变得沉稳。蓝宝石散发出的浪漫情调，可以提高人的情商、增进情侣之间的感情，让彼此能够和谐相处。

2. 蓝宝石的颜色与价值

蓝宝石的颜色定级有浅蓝、蓝、矢车菊蓝、皇家蓝、灰蓝、深蓝等多个级别，最具价值的颜色为皇家蓝和矢车菊。

"皇家蓝"蓝宝石：其颜色是蓝色系列蓝宝石中稀有的颜色级别，是略带紫色的深蓝。"皇家蓝"蓝宝石的蓝比"矢车菊"蓝宝石的蓝更加低调内敛，但被光线照射时，会突然绽放出耀眼的火彩。"皇家蓝"蓝宝石在缅甸、斯里兰卡、马达加斯加都有产出，其中以缅甸产出的最佳，也最具代表性，在其他级别相同的条件下，"皇家蓝"蓝宝石价格最高。（图 3-9）

　　"矢车菊"蓝宝石：产自克什米尔。因为颜色是带有紫色调的靛蓝，又略微带着朦胧的天鹅绒质感，明亮饱和，像极了德国国花矢车菊的颜色，故此得名"矢车菊"蓝宝石。克什米尔"矢车菊"蓝宝石早在 100 多年前就已经绝矿，如今在珠宝界已经成为"传说"。目前国际鉴定机构对"矢车菊"蓝宝石的认定，与产地无关，只要蓝宝石颜色和质感接近矢车菊蓝。（图 3-10）

图 3-9 "皇家蓝"蓝宝石　　　　　图 3-10 "矢车菊"蓝宝石戒指

3. 收藏价值

　　首先，蓝宝石的颜色以皇家蓝和矢车菊蓝为最高级别的蓝色；海蓝、灰蓝次之，绿、墨蓝则为下品。其次，还要看质地是否通透，越透明则越能反射出鲜艳的色彩，价值也就相应越高。其三，就是看净度，蓝宝石大都带有天然的羽毛状和石纹，越干净的宝石价值越高，如果有裂纹或明显肉眼能见的斑点、瑕疵在宝石的面上就为下品。不过，蓝宝石的净度不像钻石的要求那么高，因为它的瑰丽是在色彩上。其四，在以上条件相同的情况下，重量越大价值越高。

　　蓝宝石历来具有极强的收藏价值。目前，世界上著名的蓝宝石主要有：

缅甸蓝宝石：是一颗深蓝色的缅甸蓝宝石，重 75.41 克拉，为私人所收藏。

星夜蓝宝石：星夜蓝宝石是一颗椭圆形蓝宝石，重 111.96 克拉，与著名油画家凡·高的同名画作一般迷人。

印度之星：重 563.35 克拉的"印度之星"被收藏在美国自然历史博物馆中。

霍尔项链：包含 36 颗精美而搭配得当的枕形切工的斯里兰卡蓝宝石，总重 195 克拉。

亚洲之星：重 330 克拉的"亚洲之星"被收藏在美国华盛顿史密森国家自然历史博物馆中。

亚当之星：一颗重达 1404.49 克拉的星光蓝宝石，价值至少达 1 亿美元。相关珠宝鉴定学家认证这块蓝宝石是目前世界上最大的蓝宝石。

据数据统计分析，近 10 年，蓝宝石价值的年增长率高达 30% ～ 40%。并且预计，在未来 5 年甚至是 10 年内，对高品质蓝宝石的需求量将增加 10 倍。

五、蓝宝石鉴赏

1. 蓝宝石鉴赏标准

蓝宝石的鉴赏标准主要有产地、颜色、火彩、透明度、净度、切工、重量等几个方面。

产地： 蓝宝石与红宝石一样，产地是蓝宝石价值评价中最重要的评价标准之一，同等级别的蓝宝石以克什米尔、缅甸出产的蓝宝石价值最高，其次是斯里兰卡、马达加斯加蓝宝石等。

颜色： 蓝宝石的颜色以皇家蓝和矢车菊蓝价值最高，其次是海蓝。蓝宝石颜色越接近光谱色，颜色质量越高。根据色调，蓝宝石可分为纯蓝、紫蓝、乳蓝、黑蓝、绿蓝等色，其中没有绿色和灰色色调的纯蓝色为最佳色。当从垂直台面方向观察，其色带或色斑肉眼清晰可见时，宝石颜色质量就下降。同时，在垂直台面观察时，应尽量避免多色性。

蓝宝石的颜色均匀度也是衡量蓝宝石价值的一个重要因素，大多数的蓝宝石颜色都不均匀，存在透光现象，有时用光照射时会发现蓝宝石中只有一小块蓝色，其他的部分有可能都是无色或者浅灰色的，而高质量的蓝宝石颜色应是均匀的。

火彩：蓝宝石的火彩与红宝石的火彩同等重要，火彩越好，宝石的观感越璀璨跳跃，评价越高。

透明度：是指宝石允许可见光透过的程度。光线透过宝石，强弱刚好和光泽相反，光泽是宝石反射光线的能力，光泽越强宝石的透明度越弱。在蓝宝石的肉眼鉴定中，一般将透明度分为五个级别：透明、亚透明、半透明、亚半透明和不透明。透明度越高，相对价值就越高。

净度：净度主要注意两个方面。一是瑕疵的大小、数量、位置、对比度，是否严重影响了宝石的透明度。当瑕疵很大、肉眼可见，或瑕疵虽不是很大，却呈细小的分散状分布，且影响宝石透明度时，净度级别就会降低。二是瑕疵对宝石耐久性的影响，如较大的裂隙使宝石的耐久性受到影响时，净度质量就会下降。

切工：切工主要表现在琢形、比例、对称性、修饰度几个方面。蓝宝石最常见的切磨形状是椭圆形、矩形，其次为圆多面形、祖母绿形。比例主要包括琢形的长宽比和全深比，蓝宝石可接受的全深比在 60% ～ 80% 之间。对称性，是指外形是否对称，底尖是否偏心，台面是否倾斜等对称要素。修饰度，是指刻面是否整齐，是否有额外刻面、对琢形总体比例影响不大的偏差及抛光质量等。

重量：在上述几个因素相同的前提下，蓝宝石的克拉重量越大价值越高。

2. 星光蓝宝石的鉴赏标准

星光蓝宝石的鉴赏标准与星光红宝石的鉴赏标准基本一样。

3. 蓝宝石的优化处理

蓝宝石的优化处理方式与红宝石的优化处理基本上相同，同样有热处理和充填两种方式。热处理分为"老烧"H 和"新烧" H(a/b/c/d)。天然的大颗粒的蓝宝石颜色和净度极佳的非常稀少，所以在市面上净度极佳的大颗粒"老烧"的蓝宝石，也属比较难得。

4. 相似宝石鉴别

与蓝宝石相似的蓝色天然宝石有：蓝色尖晶石、蓝色电气石、蓝锥矿、蓝锆石、坦桑石、蓝晶石、堇青石等。

蓝色尖晶石： 蓝色尖晶石颜色均一，微带灰的色调。均质体，没有二色性。晶体中有较多气液包体和八面体小尖晶石包体群。

蓝色电气石： 多呈带绿的蓝色，有较多的裂纹和空管状气液包裹体。双折射率大，在底部刻面的棱面处可见双影。二色性极明显。

蓝锥矿： 蓝锥矿呈蓝到紫色。折光率及密度均与蓝宝石相近，亦具强二色性。但它双折射率大（0.04），色散强（0.044）。故以强色散的鲜艳外观及双折射率双影和在短波紫外光中有亮蓝色荧光与蓝宝石相区别。

蓝锆石： 经过加热处理的锆石呈鲜艳的蓝色，以其强色散（0.039）、高的双折射率（0.04 ～ 0.06）和密集排列的吸收光谱与蓝宝石相区别。

坦桑石： 是在坦桑尼亚发现的宝石级黝帘石，简称坦桑石。黝帘石呈红褐色、深紫色，透明，块体大，经过加热处理后颜色像蓝宝石一样的靛蓝色。颜色不均，有明显的三色性：深蓝、紫红、黄绿色。密度为 3.35 克每立方厘米，硬度 6.5 ～ 7。坦桑石的蓝色是含 0.02% ～ 2% 的钒致色，故在吸收光谱中没有铁的吸收线。

5. 真假鉴定

以假充真的蓝宝石主要包括：合成蓝宝石、染色蓝宝石和玻璃。

合成蓝宝石：天然蓝宝石的结晶往往显得凌乱、无序，而合成的蓝宝石，往往十分有序。天然宝石总是或多或少地有一些杂质，洁净无瑕的几乎没有，而合成蓝宝石里面往往洁净无瑕。天然宝石颜色纯度高、不刺眼，光彩自里向外自然射出，合成蓝宝石往往色泽刺眼，光彩非常肤浅，没有天然色泽的深沉感。

染色蓝宝石：就是把一些有瑕疵的、品质较低的宝石进行优化处理。经过染色处理的宝石，因颜色无法进入宝石的结晶体，看起来浓艳而不真实。因为优化处理是将宝石的瑕疵用激光打孔去除，然后以油、胶或玻璃进行填充处理，所以仔细检查就可发现光泽不一，存在残留油珠。

玻璃：玻璃是高温压膜产品，冷却后会自然收缩，平面向内凹陷。这种凹陷现象借助放大镜便能发现。另外，玻璃中的包裹体种类繁多，最常见的是气泡，宝石则没有气泡。用 10 倍的放大镜观察，就能发现玻璃里的气泡。

第二节　彩色蓝宝石
Fancy Colored Sapphire

一、彩色蓝宝石价值

彩色蓝宝石的价值评估中最重要的是色彩，最名贵的莫过于斯里兰卡出产的粉橙色帕帕拉恰（Padparadscha）蓝宝石。粉色蓝宝石是最近几年价格上涨最快的宝石品种之一，橙色蓝宝石看上去也非常美丽，紫色、绿色、黄色的蓝宝石如果颜色浓郁艳丽，价格亦不低。若彩色蓝宝石带有了灰色、褐色调，就会降低了宝石的美感和价值。

1. 价值评估

帕帕拉恰蓝宝石：粉橙色帕帕拉恰蓝宝石出产于斯里兰卡，帕帕拉恰的意思是莲花，所以市场上也有将帕帕拉恰蓝宝石称为莲花蓝宝石。这种蓝宝石得名于它神奇的颜色，它拥有一种同时带有粉色和橙色色调的颜色，粉中有橙，橙中有粉，两种颜色相互呼应，相得益彰，形成一种难以言喻的美丽色彩。这种特殊颜色的蓝宝石产量本来就很少，在当地也有着"帝王蓝宝石"的美誉，深受当地人的喜爱，所以这种本已非常稀少的宝石在国际市场的数量就更少了，其珍贵程度也随着它的稀有逐渐增高。

帕帕拉恰蓝宝石最初在斯里兰卡产出。但是随着越南、坦桑尼亚等地也逐渐发现这种颜色的宝石，帕帕拉恰蓝宝石泛指具有高品质亮度和饱和度的粉橙色蓝宝石。斯里兰卡出产的帕帕拉恰在市场上的价格比其他产地的要高。

帕帕拉恰蓝宝石的颜色分布常常不均匀，关于帕帕拉恰的品质评测标准认为顶级的宝石颜色呈现为 50% 粉色与 50% 橙色相互辉映。漂亮的"帕帕拉恰"一定要粉色和橙色高度交融，相互生辉，且不得带有除这二者以外的任何颜色。优质的帕帕拉恰蓝宝石产量非常稀少，价格可以和顶级的"皇家蓝"蓝宝石一较高下，有时甚至超越顶级"皇家蓝"蓝宝石，颜色的美丽和产量的稀少，一直是帕帕拉恰蓝宝石珍贵的理由。帕帕拉恰蓝宝石的产量极其稀少，是红宝石产量的 1% ～ 1.5%。目前对帕帕拉恰蓝宝石的鉴定标准略有宽松态势，一些略带橙色调的浅粉色蓝宝石也被鉴定为帕帕拉恰蓝宝石。2018 年 11 月 14 日和 15 日，由古柏林（Gübelin）宝石实验室主办，LMHC（实验室指南协调委员会）举行了第 29 次会议，在这次会议期间，LMHC（实验室指南协调委员会）统一了实验室报告关于帕帕拉恰蓝宝石的定义，将帕帕拉恰蓝宝石定义为"不论产地，颜色为粉橙色到橙粉色的微妙混合，在标准日光下观察时有着柔和的色调，低到中等的饱和度的蓝宝石"。但这种色调的帕帕拉恰蓝宝石价格相对较低。（图 3-11、图 3-12）

图 3-11 帕帕拉恰蓝宝石   图 3-12 帕帕拉恰蓝宝石 GRS 证书

粉色蓝宝石：粉色蓝宝石的致色元素是铬元素，铬元素含量的多少直接影响着粉色蓝宝石的颜色，随着铬元素含量的增加，会形成由浅及深的粉色色域。当铬（Cr）元素含量在 0.9% ~ 4% 时，则鉴定为红宝石。粉色蓝宝石的色系分为粉红色色系和粉紫色系，以具颜色鲜嫩、色彩明艳的为上品。

粉红色蓝宝石在斯里兰卡、缅甸和非洲东部都有产出，但是产量比较低。由于粉色蓝宝石的形成环境极其复杂，晶体颗粒比较小，1 克拉以上的粉色蓝宝

比较稀有。它的稀有程度仅次于帕帕拉恰蓝宝石。（图 3-13）

黄色蓝宝石： 黄色的蓝宝石颜色从浅黄到金丝雀黄、金黄、蜜黄及浅棕黄、深棕黄，以饱和度极高的金黄色为最高品相。明亮式切割让黄色蓝宝石折射出耀眼的火彩。虽然比黄钻的金属质感略弱，但天然宝石类别中只有黄色蓝宝石有着类似黄钻的感观，价格却比黄钻低很多，因此也深受藏家的喜爱。黄色蓝宝石主要产于斯里兰卡、澳大利亚、缅甸、坦桑尼亚和中国的山东与江西。

天然无热处理的黄色蓝宝石一般颜色都比较淡，且颜色呈不稳定性，会变浅，颜色饱和度高且稳定性高的天然金丝雀黄、金黄蓝宝石极难得，因此价格也很高。（图 3-14）

紫色蓝宝石： 紫色的刚玉宝石。因内部含有少量钒和铬元素而致色，紫色可渐变为浅红紫色或紫粉色，或趋向于蓝紫、红紫等。具有美丽的紫色、紫红色或紫罗兰色的蓝宝石，称紫色蓝宝石（图 3-15）。主要产于斯里兰卡，少量产于泰国和缅甸。紫色蓝宝石的储藏量和开采量在蓝宝石中是比较少的，而且它的颗粒通常较小，大颗粒的紫色蓝宝石十分罕见。在阳光照射下，紫色蓝宝石的颜色会变得更紫，光线不同，颜色都会有不同的变化，因此紫色蓝宝石也

图 3-13 粉色蓝宝石

图 3-14 "Source of Energy" 能量之源黄色蓝宝石项链

被称为神秘的紫色蓝宝石。紫色蓝宝石由于颜色与紫晶石颜色非常接近，价格却远高于紫晶石，所以紫色蓝宝石在彩色蓝宝石系中，不是很受藏家喜爱。但是紫色蓝宝石中的佼佼者，紫罗兰色蓝宝石，却因特殊神秘的色彩成为藏家追逐的彩色蓝宝石之一。世界上最知名的一颗紫罗兰色蓝宝石，重约 34 克拉，原产于泰国，现在被美国纽约自然历史博物馆收藏，其价值难以衡量。

绿色蓝宝石：绿色的刚玉宝石，含铁、钴、钒而呈绿色（图 3-16）。对所有刚玉来说，绿色蓝宝石的光泽最好，颗粒质量都比较小，很少有超过 1 克拉的。坦桑尼亚出产的绿色蓝宝石为上品。一般青草色略带黑褐色的色调的，价格略低，但是翠绿色蓝宝石的价格非常高。

2. 彩色蓝宝石的收藏价值

2015 年苏富比纽约拍卖会，一枚 5.53 克拉帕帕拉恰蓝宝石戒指以 31250 美元 (约人民币 21 万) 的价格成交。

2016 年苏富比拍卖会，一枚 11.68 克拉帕帕拉恰蓝宝石戒指以 224 万港币 (约人民币 193 万) 的价格成交。

2017 年香港拍卖会，一枚 28.04 克拉帕帕拉恰蓝宝石戒指以 1930 万港币 (约

图 3-15 紫色蓝宝石　　　　　　　　　　　　　图 3-16 绿色蓝宝石

人民币 1601 万) 的价格成交。

2018 年苏富比纽约拍卖会，一枚 16.66 克拉帕帕拉恰蓝宝石戒指以 708 万港币 (约人民币 625 万) 的价格成交。

从以上成交价格上我们不难看出帕帕拉恰蓝宝石的价格呈逐年增长的趋势。而且由于重量的增加，价格成倍增长。

二、彩色蓝宝石的鉴赏

1. 彩色蓝宝石的鉴赏标准

彩色蓝宝石与宝石的鉴赏标准一样，主要是产地、颜色、火彩、透明度、重量和净度。

产地：帕帕拉恰蓝宝石虽然在斯里兰卡、马达加斯加、坦桑尼亚、越南都有产出，但是血统最正宗的是斯里兰卡所产的帕帕拉恰蓝宝石，价值也最高。

2. 彩色蓝宝石的优化处理

帕帕拉恰蓝宝石优化：因帕帕拉恰蓝宝石的颜色的特殊性，经过热处理后的颜色色调过于均匀，达不到帕帕拉恰蓝宝石的颜色，所以一般不会选择热处理。帕帕拉恰蓝宝石优化更多采用铍扩散处理，将无色蓝宝石经过铍扩散处理以呈现出粉橙色。

铍扩散就是在极高温下加入铍元素。渗透深时，可达到内外都呈现粉橙色的状态。在极度高温的铍扩散过程中，宝石内部的包体都被烧融干净，所以经过铍扩散处理的宝石净度都是非常高的。在选择帕帕拉恰蓝宝石时，一定要参考权威的国际鉴定证书。

　　黄色蓝宝石的优化：黄色蓝宝石通过热处理优化，使浅黄色颜色加深；还有一种用辐射优化的方式，把一些刚玉用高能量 X 射线粒子辐射可改变成黄色或使黄色加深。

第四章 猫眼 Cat's Eye

猫眼，英文名Cat's Eye，即"猫儿眼""猫睛""猫精"。猫眼是金绿宝石矿物族的重要变种之一。金绿宝石猫眼的莫氏硬度为8.5，仅次于钻石和红、蓝宝石，是五大珍贵宝石之一。只有具有猫眼效应的金绿宝石，可以直接称为"猫眼"，其他宝石的猫眼效应，需在猫眼前面缀上宝石名称，如"海蓝宝石猫眼""碧玺猫眼"等。

猫眼因为在晶体中有平行分布的金红石纤维状包裹体，由于金绿宝石与金红石在折射率上的较大差异，入射光线经金红石包裹体中反射出来，集中成一条光线而形成猫眼线，加工成弧面形宝石后，能对光产生集中反射，出现一条像猫眼"瞳眸"一样的光带，在聚光手电的照射下，转动猫眼宝石时，猫眼线会一开一合，酷似猫儿的眼睛，"猫眼"也因此得名。（图4-1）

图 4-1 猫眼

一、猫眼石历史

传说，在古代斯里兰卡的白胡山中，居住着一位养猫的老人，与一只猫相依为命。有一天，老人的猫莫名其妙地死了，老人伤心地把心爱的猫掩埋了。不久，猫托梦给老人。老人又把猫挖出来，只见猫的眼睛坚硬如珠，中间还有一条非常美丽的亮带。于是，老人将一只猫眼埋入了白胡山中，另外一只拿回家吃了，老人因此成仙，后来白胡山就以产猫眼宝石而闻名。

这个传说是关于猫眼起源的最朴素、最神奇的说法，也是人类与石头息息相关的最动情的说法，但不是科学的说法。

在古代中国，猫眼石被称为"狮负"。关于"狮负"的说法，有这样一段来历：大概在元代，由于人们不能科学地认识"猫眼效应"，认为猫眼石是猫儿死后埋于深山之后转化而成的猫睛。这种说法详细记载在元代伊世珍的《琅嬛记》之中：埋在深山里的猫化为两只猫睛，如果被吞食，就会产生神力，一头像狮子一样的猫就会将吞食猫睛者背负起来，腾空而去。所以"猫眼"又称"狮负"。

严格说来，"猫眼"并不是宝石的名称，而是某些宝石上呈现的一种光学现象。即磨成半球形的宝石用强光照射时，表面会出现一条细窄明亮的反光，叫作"猫眼闪光"或"猫眼活光"。

具有猫眼效应的宝石种类很多，据统计可能多达 30 种，市场上较常见的除石英猫眼和金绿猫眼外，还有辉石猫眼、海蓝宝石猫眼等。由于金绿猫眼最著名、最珍贵，简称"猫眼"。

"猫眼"的颜色有蜜黄、褐黄、酒黄、棕黄、黄绿、黄褐、灰绿色等，其中以蜜黄色（Honey Color）最为名贵。

猫眼石主要产于气成热液型矿床和伟晶岩岩脉中。世界上最著名的猫眼石产地为斯里兰卡西南部的特拉纳布拉和高尔等地，巴西和俄罗斯等国也发现有猫眼石，但是非常稀少。

二、猫眼石文化

猫眼石在其文化发展史中，首先是权力的象征。在古埃及时期，就流传着一个关于法老手上的猫眼石戒指的神秘传说。当猫眼睁开时，就表示天神正在发怒，需要取人的性命来祭拜天神，以平息、安抚天威。此外，据说臣子在进朝时，法老就以手上的猫眼石眨眼的次数，来决定该臣子的官位或性命。直到现在，埃及仍有许多的地方以猫眼石来祭拜主要的神祇。

在中国，也有一个关于猫眼石的传说。清朝的慈禧太后之所以能够掌理朝政大权，就是凭着一颗重约20克拉的猫眼石的神力护佑。据说，每天晚上她都将猫眼石放置在枕头底下睡觉，然后猫眼神仙就会出现于梦中，指导她安排好第二天的行事日程。

而在民间，猫眼石则是友爱、祝福、希望与力量的象征。

传说，有一个叫"梦"的精灵，全身光洁亮丽，可以散发出任何光彩。它能识别万事万物，能够看穿任何精灵的心。它之所以有这种本领就是因为它有一双不同寻常、光彩四射的眼睛。

最初，动物之间是没有仁爱、友谊的，也互不信任，整个世界都笼罩在一片死寂与恐怖之中。梦精灵不想生活在这样一个冷冰冰的世界之中，他希望所有的生命都生活在一个充满欢歌笑语、幸福快乐的和谐世界之中。但是，梦精灵知道，只有他才拥有爱、友谊、希望、祝福、活力等正能量。于是，他决定把这种正能量传给他周围的每一个精灵。

梦精灵全身发光，坚硬无比，无懈可击，只有心脏这块地方是柔软的，于是他把自己所有的正能量都集中在心脏这个位置。瞬间，彩虹闪现，紫云密布，梦精灵的身上散发出一道道耀眼的光环。世界万物在这种光环的照耀下，溪流开始欢快地歌唱，森林开始轻快地舞蹈，动物们彼此追逐嬉戏，而梦精灵却因能量渐渐消失，眼睛慢慢地失去了光泽。

最终，梦精灵消失了，变成了一块漂亮的石头——猫眼石，但他对世界万物的爱并没有消失，而世界万物也深深爱着这个伟大的精灵，他们要让梦精灵永远看到他们。他灰色的眼睛变得洁白晶莹，据说这就是梦精灵离去时的最后一滴泪。从此，梦精灵以一双洁白晶莹的眼睛默默地爱着万物众生，万物众生则把它当作人间至宝倍加珍爱。

后来，猫眼石就被当作爱、友谊、祝福、希望与力量的象征，作为一种吉祥、好运的饰品在民间流行。所以猫眼石又叫"寻梦石""祝福石"。

三、猫眼石产地

猫眼石的主要产地是斯里兰卡和俄罗斯的乌拉尔，其次还有巴西、缅甸、马达加斯加和美国等地。

斯里兰卡是著名的金绿宝石产地，也是唯一出产变石和金绿猫眼石的国家，该国已有 2000 多年金绿宝石的开采历史。斯里兰卡产的猫眼石质量最佳，以蜜黄色、光带呈三条线者为特优珍品。该国的猫眼石为世人珍爱，且非常出名，斯里兰卡猫眼石有专门的英文名：Cymophane。这种猫眼石有一种奇异的特征，当把猫眼石放在两个聚光灯束下，随着宝石的转动，猫眼石会出现张开闭合的现象。

这种独特现象的形成，是因为金绿宝石矿物内部存在着大量的金红石纤维状包裹体，金红石的折射率为 2.60 ～ 2.90，由于金绿宝石与金红石在折射率上的差异较大，入射光线经金红石包裹体中反射出来，集中成一条光线而形成猫眼效应。金绿宝石越不透明，金红石纤维状包裹体越密集，则猫眼效应越明显。当用一个聚光手电照射猫眼宝石时，在某个角度，猫眼向光的一半呈现黄色，另一半则呈现乳白色。如果用两个聚光手电从两个方向照射猫眼，并同时以纤维状包裹体方向为轴线来回转动宝石，就会看到猫眼线一会儿张开，一会儿闭合的现象。

四、猫眼石价值

1. 价值评价

猫眼石被人们称为"高贵的宝石"，是世界五大名贵宝石之一。猫眼石常被认为是好运气的象征，人们相信它会保护主人健康长寿，免于贫困。猫眼石具有很强的灵性，人们认为佩戴它或者将它放在室内可以起到驱魔辟邪的作用，所以猫眼石常被作为护身符。猫眼石的灵性还体现在可以增强佩戴者的自信心和胆量，让佩戴者在面对困难挫折的时候能够更加沉着地应对，增强战胜困难的勇气，还可增强佩戴者的交际能力，改善人际关系。

在生理方面，猫眼石具有很强的保健功效：促进血液循环，增强记忆力，缓解疲劳；促进细胞代谢，活化细胞，从而加速人体的新陈代谢，使细胞内的有害物质排出体外，平衡内分泌失调；促进炎症消退，消除肿胀和疼痛，改善胃炎、肠炎、肾炎、关节炎、肩颈椎炎、腰肌劳损症状；还能双向调整血压，患有高血压的人用之便可使血压降低；提高红细胞的携氧功能，降低血液黏稠度；对各种老年性疾病如心脏病、冠心病有疗效；改善血脂代谢，有降低胆固醇的作用，也有改善糖尿病症状的功能。

2. 收藏价值

猫眼石是高贵的宝石，一般重几克拉的优质猫眼其价格可与优质的祖母绿、红宝石相当。

在英国，宝石收藏家霍普珍藏着一块著名的猫眼石，这块宝石被雕成象征祭坛的形状，顶上有一火把，整个宝石呈球形，直径约为 1～1.5 英寸。

在伊朗，王冠上有一颗重 147.7 克拉的金绿猫眼，是稀世珍品。

在美国，自然历史博物馆也藏有一颗 47.8 克拉的优质猫眼石。

猫眼在国际拍卖场上受到追捧，数量不断增加；而其价格也呈现出了稳步上涨的趋势，与祖母绿、高级翡翠并驾齐驱。

在珠宝市场上，猫眼石主要根据品质和大小定价，尤其是斯里兰卡猫眼石更是价格不菲：2 克拉以下的每克拉为 600～1200 美元，2～5 克拉的每克拉 1200～2000 美元，而 5～8 克拉的每克拉价格可以达到 4000 美元，5 克拉以上以及具有变色效应的猫眼石更是弥足珍贵，10 克拉以上的高品质猫眼石可价值百万美元。但随着资源的减少和市场需求量的增大，其价格也会呈几何倍数增长，越是优质大颗粒的猫眼石，价格增长率也越大。

五、猫眼石鉴赏

1. 鉴赏标准

猫眼石的鉴赏标准主要有颜色、透明度、眼线、重量几个衡量标准：

颜色：猫眼的颜色有多种，最高品质的颜色为蜜黄色，其中蜜黄色中的金黄色和葵花黄色的更为顶级稀有。其他颜色稀有度排序依次为黄绿色、褐绿色、褐黄色、褐色。

透明度：猫眼的透明度分为亚透明、半透明和微透明。一般情况下，宝石都是透明度越高品质越好，但猫眼却比较特殊，亚透明的猫眼线显现最好。

猫眼的透明度低，眼线越加清晰，因此我们会看到猫眼底部基本都不抛光。只有极少数的半透明高级别的猫眼底部会抛光，却不会影响眼线的明亮度和犀利度，这种猫眼极其罕见，收藏价值更高。

眼线：眼线是评估猫眼价值最重要的因素之一，但是在鉴定机构的鉴定指标中不会体现。猫眼的纤维状金红石包裹体细长而密集时，猫眼效应就会特别明显，眼线平直、均匀、连续不断、清晰明亮，即使在较弱的光源下眼线也十分清晰犀利；反之金红石或空管包体粗而密集度低，猫眼效应就弱，显得不平直、不均匀、不连续，比较混浊。

品质上乘的猫眼，猫眼线位于宝石弧面的正中央，细窄而界线清晰，眼线犀利明亮。

猫眼线还分为活光线和死猫眼线。所谓活光线，就是随着光线在猫眼上平行晃动，猫眼线也随着光源平行转动，最好的眼线是180度转动。当用单一光源（如太阳、手电筒）斜45°照射顶级猫眼时，眼线的两边会呈现出两种不同的颜色——蜜黄和奶白（图4-2）。而少数优质猫眼，眼线还会开合。所谓死猫眼线，就是不会随着光源的转动而转动，只有中心一条线。

重量：与宝石一样，重量越大，其价值则呈几何倍数增加。在市场上，大的猫眼已经很少，而直径大于5厘米的则更少见，10克拉以上的高品质猫眼价格可达百万美元。

图4-2　用光从侧面45度照射下猫眼一侧呈蜜黄色，一侧呈乳白色

2. 真假鉴别

区分天然猫眼与人造猫眼，可以从以下几个方面进行：

颜色： 由人工玻璃纤维造成的人造猫眼，有褐黄色、蓝色和红色。在市场上出售的猫眼，凡是颜色鲜艳的，全是人造的。因为，天然猫眼宝石没有呈鲜红色、橙色和蓝色的。呈鲜绿色的，只有祖母绿猫眼；它是极其罕见的世界著名珍宝，在市场上绝对不可能见到。

亮带： 人工猫眼是由玻璃纤维制作而成的，不仅有褐黄色，还有蓝色和红色，其中，褐黄色的人工猫眼与天然猫眼十分相似，但是天然猫眼在弧形顶端只出现了一条亮带，而人工猫眼有两条或者三条亮带同时出现。

六边形蜂窝状结构： 将样品对着强光，用 10 倍放大镜观察半球状样品的侧面。如果能够看见六边形蜂窝状结构，即密集的六边形蜂窝状花纹，则是人造猫眼。天然猫眼绝对没有这种结构。

第五章　祖母绿　Emerald

　　祖母绿，英文名为 Emerald，起源于古波斯语 Zumurud，原意为绿色之石。后演化成拉丁语"Smaragdus"，大约在公元16世纪，演化成为今天的英文名称。祖母绿的莫氏硬度为 7.5 ～ 8。在中国古代，译为"助木刺"，《西厢记》中译为祖母绿，流传至今。中国古代还有"子母绿""助水绿"等叫法，香港还称其为"吕宋绿"。古希腊人称祖母绿为"发光"的"宝石"。印度人对祖母绿极为崇拜，称其为"绿宝石之王"。祖母绿的颜色代表着春天的新生力量，因此成了五月生辰石的完美选择，同时也是结婚20周年、35周年、55周年的纪念宝石。在西方，祖母绿还被认为是爱神维纳斯之石，被誉为"永恒的爱情宝石"。（图5-1）

图 5-1 祖母绿戒指

一、祖母绿历史

祖母绿属绿柱石家族，被称为"绿宝石之王"，五大名贵宝石之一。因其特有的绿色和独特的魅力，以及神奇的传说，深受西方人的青睐。

祖母绿是很古老的宝石品种之一，相传距今 6000 年前，古巴比伦就有人将祖母绿献于女神像前。

现知最早的祖母绿片岩型矿床是以埃及艳后之名命名的克莉奥帕特拉。公元前 1500 年就开始被采掘，至 18 世纪，它依次为埃及人、希腊人、罗马人和土耳其人所有。

中、南美洲是世界上祖母绿的主要产地。早在 1521 年西班牙侵略墨西哥时，就有掠夺祖母绿的记录。1532 年，西班牙侵略秘鲁时，侵略者为了取悦国王，将掠夺的祖母绿作为礼品进献给国王。

爱尔兰被称为祖母绿之岛；美国的西雅图被誉为祖母绿之都；泰国最为神圣的宗教标志被称为祖母绿佛——尽管它是由绿色翡翠雕刻而成的。

现在哥伦比亚出产的祖母绿，曾在 16 世纪被入侵新世界的西班牙探险家掠夺。而此前的 500 年中，印加人已经使用祖母绿作为珠宝，或用其进行宗教仪式。

世界上最大的祖母绿之一"Mogul Emerald"（莫卧儿绿宝石），发现于 1695 年，重达 217.80 克拉，约 10 厘米高。一边刻着祈祷文，另一边则雕刻着壮丽的花卉图饰。这个传奇的祖母绿在 2001 年 9 月 28 日伦敦佳士得拍卖会上被一名匿名的买主以 2.2 亿美元的价格买走。

波哥大银行收藏有 5 个极其宝贵的祖母绿原石，重量介于 220 到 1796 克拉之间，而这些灿烂辉煌的祖母绿属于伊朗国库的一部分，用于装饰前皇后法拉赫的后冠。土耳其苏丹也极喜爱祖母绿，在伊斯坦堡宫廷展出的珠宝、匕首等，都不惜重金用祖母绿和其他的宝石装饰。

中国人对祖母绿也十分喜爱。明、清两代帝王尤其喜欢祖母绿。明朝皇帝认为祖母绿同金绿猫眼石一样珍贵，所以有礼服上必须佩有金绿猫眼石、祖母绿的规定。明朝万历帝的玉带上镶有一颗特大的祖母绿，现收藏于明十三陵定陵博物馆。慈禧太后死后所盖的金丝锦被上除镶有大量珍珠和宝石外，也有两块各重约 125 克拉的祖母绿。

祖母绿是一种百看不厌的宝石。祖母绿的颜色十分诱人，有人用菠菜绿、葱心绿、嫩树芽绿来形容它，但都无法准确表达它的颜色。它绿中带点黄，又似乎带点蓝。无论阴天还是晴天，无论是在人工光源下还是在自然光源下，它总是发出柔和而浓艳的光芒。这就是"绿宝石之王"的魅力所在。

二、祖母绿文化

祖母绿代表生命和春天的色彩，千百年以来，在许多的文化和宗教之中，这个颜色都占有特殊的地位。

自古以来，祖母绿就以其葱郁的绿色安抚着人们的灵魂，激发着人们的想象。公元 1 世纪，罗马著名学者普林尼在其《自然史》中这样描述了祖母绿："没有一种绿色可以比之更绿。"

普林尼还描述了祖母绿早期的使用和功能："注目祖母绿，可以明目。因为这种柔和的绿色调，可以舒缓消除眼睛的疲惫和倦怠。"直到今天，绿色也被认为是缓解心理压力和眼睛疲劳的颜色。而碧玺、橄榄石等其他绿色系宝石，都没有祖母绿那苍翠浓郁的绿色。

祖母绿的颜色传达着自然的爱与快乐的生机。祖母绿这个独特的颜色永远令人百看不厌，即使祖母绿的颜色因天气、光源的不同而改变，也总是生动地散发出各种柔和而又浓艳的光芒。

传说上帝赠予所罗门王的四颗宝石，其中有一颗就是祖母绿。而正是这四颗宝石，赋予他所有的创造力。

在古印度，曾传说绿宝石有治愈特质，"祖母绿可给予佩带者带来好运"，可以"加强生命福祉"。所以印度国君及印度女王的宝藏中都有最美丽的祖母绿。

伊斯兰教视绿色为神圣的颜色。许多阿拉伯联盟国家的国旗用绿色作为团结统一信念的象征。不但如此，天主教也认为绿色是最天然的和礼仪里最基本的颜色。

对欧洲人来说，祖母绿代表着永恒的爱与美。而在古罗马，祖母绿就是爱与美的女神维纳斯的颜色。它的绿色会随着晴天和阴天微妙地改变，就像女神充满灵动的眼睛。这让它成为五月生辰石的完美选择。

中国人常认为只有年纪大的人才能佩戴祖母绿。其实不然！2009年的奥斯卡颁奖礼上，1989年12月13日出生于美国的流行音乐女歌手、演员、慈善家泰勒·斯威夫特就以蓬松的盘发及一副有分量的祖母绿耳环惊艳全场。

祖母绿是绿柱石家族最著名的一员，据说将祖母绿放于舌下，便可以拥有预见未来的能力，而且佩戴者可以揭示真理，能够识破情人誓言的真伪，并能免于邪恶诅咒的侵害，或者成为一个善于雄辩的演说家。

祖母绿能够平静佩戴者的心神，让佩戴者拥有平和的心态，心胸更加开阔，更加懂得包容，可以保持生活的和谐和幸福。正是这些无穷的诱惑力使祖母绿成为人类最为喜爱的宝石之一，难怪人们称之为"绿宝石之王"。

三、祖母绿产地

1. 产地分布

祖母绿的主要产地有哥伦比亚、赞比亚、俄罗斯、巴西、印度、南非、津巴布韦、中国等。国际市场上目前最多见的祖母绿主要来自三个产地：哥伦比亚、巴西和赞比亚。

2. 产地特征

在祖母绿中，很难找得到无瑕的宝石。实际上，可以说每一块祖母绿宝石中多少有点裂缝及内含物，其裂缝之多或内含物种类之多之复杂，甚至被研究者称为"花园"。内含物太多自然会影响宝石的价值，但对于宝石研究者来说，祖母绿的内含物是不可多得的样本，观察到不同的内含物，可分辨出宝石产地的不同，及其生长环境。尽管祖母绿的内含物大大地影响了宝石的美观，但其独特的绿色仍无其他绿色宝石与其匹敌。

哥伦比亚：哥伦比亚是世界上最大的优质祖母绿产地，此处出产的祖母绿，以其颜色佳、质地好、产量大闻名于世（图 5-2）。哥伦比亚最主要的两处祖母绿矿床是木佐和契沃尔。哥伦比亚祖母绿从 16 世纪中叶就开始生产了，几个世纪以来，木佐和契沃尔矿山一直是世界上最大的优质祖母绿供应地，几乎垄断了国际市场，合计产量约占世界优质祖母绿总产量的 80%。哥伦比亚祖母绿颜色为淡绿到深绿，略带蓝色调、质地好、透明。祖母绿晶体中可见一氧化碳气泡，液状氯化钠和立方体食盐等气液固三相包体，这在其他地区所产的祖母绿中是非常罕见的，只有哥伦比亚祖母绿才有。一般认为略带蓝色的翠绿祖母绿质量最佳，称得上世界最美丽的祖母绿。

赞比亚：赞比亚的祖母绿品质让人惊喜。该地所产的祖母绿有良好的透明度和浓翠绿色，往往还微带蓝色调，非常美丽。优质者的品质可以与哥伦比亚祖母绿媲美。（图 5-3）

俄罗斯：俄罗斯乌拉尔祖母绿矿区位于斯维尔德洛夫斯克。一个世纪以来，这里生产出成千上万克拉的优质祖母绿。祖母绿呈淡绿到深绿色，略显黄色调。多为柱状晶体，有时为扁平板状晶体，平均长 3 ~ 5 厘米，祖母绿晶体中常含阳起石包体，不规则排列，还有黑云母包体，呈叶片状和鳞片状。祖母绿的伴生矿物有磷灰石、金云母等。俄罗斯祖母绿晶体较大，但裂隙较发育，所以成品质量很小，颜色较淡，只有少部分小粒的颜色较好。

南非：南非祖母绿矿床发现于 1927 年，矿床位于伟晶岩接触带附近的黑云母片岩和黑云母 - 绿泥石片岩中。位于南非德兰士瓦省东北部矿床中的祖母绿质量极高，但晶体较小，伴生矿物有电气石、金绿宝石、黄玉等。南非是世界上祖母绿的主要生产国之一，曾于 1956 年发现了一颗重 24000 克拉的优质祖母绿晶体，是世界上最大的祖母绿晶体。

图 5-2　哥伦比亚祖母绿　　　　　　图 5-3　赞比亚祖母绿裸石

　　津巴布韦：津巴布韦祖母绿矿床发现于 1957 年，产量很大，已成为世界上一个新兴的祖母绿主要出口国。矿床产在太古代结晶岩中，围岩为透闪片岩和绿泥石片岩。祖母绿呈不均匀分布的斑晶。其中优质祖母绿占新开采祖母绿总量的 5%，祖母绿呈六方晶形柱状体，晶体的平均粒径 1～3 毫米，大的晶体达 3 厘米。该产地的祖母绿颗粒小，但质量高、艳绿色、非常美丽，伴生矿物有金绿宝石等。

　　巴西：巴西祖母绿产地比较多，但祖母绿晶体细小，多瑕疵，颜色较浅，常被误认为绿色绿柱石。直到 1962 年才在东北部巴伊亚州境内发现了优质祖母绿。晶体几乎完全透明，颜色鲜艳，可与哥伦比亚祖母绿媲美。

　　坦桑尼亚：1970 年在坦桑尼亚马尼亚拉湖西岸的国家公园里发现了一处优质祖母绿矿床。祖母绿产在块状伟晶岩和黑云母片岩的岩脉里，其形成与花岗伟晶岩侵入到变质超基性岩体中有关。含祖母绿的云母岩经常同伟晶岩脉伴生，与祖母绿伴生的矿物有金绿宝石，石榴石，红、蓝宝石，磷灰石等。坦桑尼亚祖母绿的颜色很好，有时带些黄色色调或蓝色色调。晶体较大，包体常见有混浓的雾状包体。

　　巴基斯坦：巴基斯坦白沙瓦祖母绿矿床发现于 1958 年，矿床面积达 180 亩。围岩是滑石片岩，有蛇纹岩脉侵入，有大量网状热液石英脉的部位矿化好，下部滑石片岩中祖母绿富集，呈囊状。祖母绿的形成同花岗伟晶岩和含铬变质岩之间接触变质作用有关。石英脉中祖母绿晶体破碎，滑石片岩中祖母绿晶体完好，呈深绿色、质地透明，多数晶体大于 1 克拉，但多含有包体。该产地出产的优质祖母绿可以同哥伦比亚的祖母绿相比。

　　印度：印度拉贾斯坦邦祖母绿矿床发现于 1943 年。含祖母绿矿带规模大，南北长 200 千米，宽 30 千米。祖母绿的形成同花岗伟晶岩侵入到受变质的超基性岩中有关。祖母绿呈不均匀的斑晶，围岩为强烈混合岩化的黑云母片岩和片麻岩。

祖母绿晶体小，多有裂纹，质量较差，晶体为柱状和扁平状，平均长 3 ～ 5 厘米，颜色为淡绿色至深绿色，透明至半透明。

澳大利亚： 澳大利亚佩斯祖母绿矿床于 1909 年开始开采，是澳洲唯一的祖母绿矿山，矿床产于花岗伟晶岩侵入的受变质超基性岩的云母片岩中，为富含挥发成分的高温气成热液与超基性岩作用而形成的祖母绿矿床。祖母绿晶体为六方柱状，长 2 厘米，淡绿到黄绿色。颜色较浅祖母绿晶体中含杂质包体少，但裂隙发育，总体质量较高。其中，宝石级祖母绿占开采出来的祖母绿总量的11%。

阿富汗： 祖母绿产出地区还有阿富汗，该产地的祖母绿产生在热液蚀变大理岩和云母片岩、辉长 - 闪长岩岩墙之中，产于厚 2.3 米、长 10 米的石英 - 微斜长石碳酸盐岩脉中。祖母绿呈深绿色，透明的较少，一般长 1 ～ 1.5 厘米。1973 年采出最大的一粒晶体达 2.8 厘米。

奥地利： 奥地利萨尔茨堡城是欧洲唯一的祖母绿产地，中世纪开采出一些祖母绿，而如今已经很少生产了。这里的祖母绿颗粒小，很少超过 1 ～ 2 克拉的。而且多瑕疵和包体，属低质祖母绿。

四、特殊的祖母绿

除常见祖母绿外，按特殊光学效应和特殊现象可分为三个品种，即：祖母绿猫眼、星光祖母绿和达碧兹祖母绿。

祖母绿猫眼： 就是具有猫眼效应的祖母绿。自然界中具有猫眼效应的祖母绿少之又少，因此祖母绿猫眼价格十分昂贵。

星光祖母绿： 就是具有星光效应的祖母绿。具有星光效应的祖母绿比祖母绿猫眼更少，因此，其价格更加昂贵。

达碧兹祖母绿： 达碧兹不是一种宝石，而是一种宝石因特殊的生长现象而产生的结构，并不仅见于祖母绿中，凡是三方晶系或者六方晶系的宝石都有可能有达碧兹结构。达碧兹结构由独特的六边形和放射状旋臂色带以及微小云雾状包裹体构成。最著名的达碧兹结构出现在祖母绿中，海蓝宝石、红宝石、蓝宝石、碧玺、水晶、红柱石、堇青石等都存在达碧兹结构。

五、祖母绿颜色分类

祖母绿的颜色是决定祖母绿价值的重要因素。祖母绿的颜色评估非常复杂，虽然可以通过颜色的纯度、饱和度以及色调来评估，但很难确定哪一种颜色的饱和度或者色调的祖母绿更优，所以在祖母绿的分级体系中，颜色被评为以下几个级别：

亮绿 (Intensive Green)：是祖母绿颜色中的最高级。此颜色是所有祖母绿绿色之中能避免不透明或者过分着色的最深色，同时此类祖母绿的鲜艳度 (Brilliance) 为优良 (Excellent)。

鲜绿 (Vivid Green)：具有鲜绿的祖母绿在色彩上比亮绿略淡，但是极其受追捧。

深绿 (Deep Green)：颜色为深度绿色（很多人的首选），但因为颜色饱和度原因，此颜色通常在鲜艳度上不及亮绿。此颜色依然相当罕见并颇受欢迎。

中绿色 (Medium Green)：给人视觉感受好，颜色不深不浅，而且具有很好（Very Good）的鲜艳度（Brilliance）。此颜色祖母绿的饱和度介于 50% 至 70%。

柔绿色 (Soft Green)：比中绿略淡，饱和度介于 20% 至 40%。此类祖母绿具有很好 (Very Good) 至优良 (Excellent) 的鲜艳度 (Brilliance)。

五、祖母绿价值

1. 价值评价

祖母绿是不可再生资源，4000 年前就发现了祖母绿矿脉，经过了几千年的开采，祖母绿的数量正逐渐在减少，根据"物以稀为贵"的原则，产量稀少致使祖母绿价值攀升。

祖母绿的形成条件非常严苛，从矿物质的化学成分角度上来说，祖母绿与海蓝宝石、粉红色绿柱石、金黄色绿柱石、浅绿绿柱石同属于绿柱石大家族，但是形成祖母绿所要具备的地质条件要复杂得多，这也是祖母绿稀有、珍贵的主要原因。

祖母绿通常由铬元素和钒元素致色，这些元素要进入绿柱石晶体是十分困难的，需要满足各种苛刻的条件才有可能形成祖母绿。因为这两者关系导致祖母绿在世界上的产量极为稀少，有人估量，每 100 万颗绿柱石矿石中仅有一颗是祖母绿。所以每一颗祖母绿都是大自然鬼斧神工的最佳见证。

祖母绿自从被人类发现以来，便被认为具有驱鬼避邪的神奇力量。人们将祖母绿用作护身符、避邪物或宗教饰物，相信佩戴它可以抵御毒蛇猛兽的侵袭。祖母绿象征着仁慈、信心、善良、永恒、幸运和幸福，佩戴它会给人带来一生的平安。

祖母绿在西方还被认为是爱神维纳斯之石。祖母绿以其独特的颜色而深受大家的喜爱，还被誉为"永恒的爱情宝石"，寓意着快乐与忠诚，象征着坚固、永恒的爱情。

2. 收藏价值

祖母绿被称为是贵族宝石，一些欧洲皇室贵族都十分喜爱祖母绿，将它们装点在首饰或服饰上。世界上最著名的 6 个祖母绿首饰是：

①胡克祖母绿：这颗祖母绿重达 75.47 克拉，目前被美国华盛顿史密森国

家自然历史博物馆收藏。

②特里夏祖母绿：这颗祖母绿重 632 克拉，产自哥伦比亚地区，呈现的是非常独特的 12 边形，当前被美国华盛顿斯密逊博物馆收藏。

③西班牙宗教裁判所项链：这条项链拥有 300 多年的历史，主要是由 15 颗祖母绿和 300 多颗钻石镶制而成的。

④查克祖母绿：这颗 37.80 克拉的祖母绿目前被美国华盛顿斯密逊博物馆收藏。

⑤安第斯山脉的皇冠："安第斯山脉的皇冠"上镶嵌了一颗 46 克拉的祖母绿，目前该皇冠被印第安纳波利斯艺术博物馆收藏。

⑥德文郡祖母绿：这颗 1383.95 克拉的祖母绿产自哥伦比亚，目前被英国自然历史博物馆收藏。

祖母绿由于拥有"绿宝石之王"的美誉而多次被拍出天价，受到众多收藏家的追捧。

2014 年，就有一款天然祖母绿亮相于香港拍卖行，此款重量为 42.88 克拉的祖母绿项链，最终的拍卖价格为 2100 万港币。

如今，一般的天然祖母绿，一克拉的价格至少在 1200 美元以上，基于不同祖母绿的瑕疵程度和品质优劣状况，一克拉重量的大致价格范围在 1200～10000 美元。倘若是出品于潘杰希尔、亚木佐等著名地区的祖母绿，价格则会翻番。另外，由于祖母绿的产量稀少，且属于不可再生资源，再加上祖母绿的性质较脆、工艺复杂，预计祖母绿的价格还会继续上涨。

六、祖母绿鉴赏

1. 鉴赏标准

祖母绿的鉴赏标准主要有以下几个方面：

颜色： 祖母绿的颜色是鉴定标准中最重要的一个标准，以绿色带蓝的颜色为最佳色，绿色带灰则质量较差。颜色浓绿度决定了祖母绿的价值，祖母绿的颜色越绿价值越高，非常淡的颜色价值就会很低。

重量： 1克拉以下的祖母绿价值较低，超过3克拉、品质好的祖母绿可呈倍数增长，超过5克拉、品质较高、极为稀有的，价值则会呈指数级增长，极具收藏价值。

切工： 切工影响着祖母绿火彩的展现程度，所以好的切工可使价值提高5成以上。规范的切工称祖母绿形，能够把宝石的光泽完全彻底地反射出来。

净度： 以清澈明亮、晶莹通透者为佳品，但透明度过高以致出现透底现象，价值则会有所降低。如果裂隙、包裹物较多，价值也会大受影响。

产地： 祖母绿与红、蓝宝石一样，产地是评价的一个重要标准之一，相同品质的祖母绿中，哥伦比亚的最贵，巴西、赞比亚的次之，其他地方的则较低。

注油： 品质相同而无油的价值可以是有油的5倍以上，极微油、微油的价值要偏高一些，中油的次之，重油的则更低。

2. 祖母绿的优化处理

由于祖母绿的裂缝过多，为了处理裂缝并增强祖母绿的颜色，通常祖母绿都会进行一些优化处理，比如浸油处理、加热处理、填充处理等。

未经过任何处理（Unheated）的祖母绿，仅做传统的切割和抛光处理的祖母绿极其罕见，尤其3克拉以上的无处理的祖母绿更是稀有，所以价值也相对贵很多。

祖母绿的优化处理主要有以下几种方法：

浸油处理： 使用香柏油 (Cedar Oil) 浸泡有裂隙的祖母绿，使其裂缝因油浸入而不明显，这是一种被广泛接受的处理方式。因此在交易过程中祖母绿被默认为是经过香柏油处理的。国际标准对祖母绿的注油分为以下几种级别：无油、极微油、微油、中油、重油。

加热处理： 为了让祖母绿的颜色增强而进行的加热处理。

充填处理： 使用诸如玻璃、环氧树脂等填充材料来覆盖祖母绿表面的缺陷。目前国际市场中，大量祖母绿是经过此类处理的，因此在国际鉴定中对此默认接受，不予评价。

扩散： 通过高温并使用化学物质来改变祖母绿的颜色。这种祖母绿建议不要购买。

染色： 使用染色材料来改善或改变祖母绿的色彩。这种处理方法在天然祖母绿中不常用。

3. 相似宝石鉴别

与祖母绿相似的天然绿色宝石有绿柱石、帝王绿翡翠、绿碧玺、磷翡翠。其区别如下。

祖母绿和普通绿柱石的区别： 祖母绿是绿柱石的一种，绿柱石的化学成分是 $Be_3Al_2(SiO_3)_6$，当其中的铍元素、铝元素被铬元素、钒元素替代时，绿柱石矿物就会呈现出祖母绿的颜色，此时它就被称作祖母绿。所以，祖母绿是一种特殊的绿柱石矿物，但不是所有的绿柱石都是祖母绿。绿柱石的其他宝石品种还有海蓝宝石、摩根石、金绿柱石等等。

祖母绿和帝王绿的区别： 祖母绿的颜色十分诱人，有人用菠菜绿、葱心绿、嫩树芽绿来形容它。这种颜色绿中带点黄，又似乎带点蓝。帝王绿是翡翠中颜色最好、价值最高的绿，也称"祖母绿色"，给人以凝重高贵之美感。帝王绿是一种独特的颜色，在日光下呈现一种凝重感。

祖母绿与绿色碧玺的区别： 从形状来看，由于祖母绿的质地坚硬，但脆性较强，极其脆弱，因而祖母绿都是采用经典的祖母绿式切割方法，其形状比较固定；而碧玺虽然也比较脆弱，但其更容易切割，因而碧玺的形状更为多样。从颜色光泽来看，祖母绿内部的颜色要比绿色碧玺的明亮，颜色较为鲜翠；而绿色碧玺的颜色更为深沉，不如祖母绿有活力。从内部的包裹体来看，祖母绿的内部包裹体比绿色碧玺的多而且复杂；而绿色碧玺一般较为纯净，其内部的包裹体少。

4. 真假鉴别

天然祖母绿内部一定包含着类似天然翡翠内部的棉絮状物体，棉絮呈现不规则变化，在太阳光下会出现众多细小的裂纹。没有棉絮与细小裂纹的晶体，多数是合成祖母绿。具体有以下几种：

①人造玻璃：绿色人造玻璃与祖母绿最为相似，从颜色、外观上，都可达到以假乱真的程度。人造玻璃中的气泡或残余物质，可以营造出一种类似裂隙或指纹状包裹体的外观，但人造玻璃缺少祖母绿那种绿茸茸的感觉。可是当一些黄绿色或蓝绿色的祖母绿色泽较浅时，绿茸茸的感觉较弱，就很难与人造玻璃区别开来，应谨慎鉴别。

②人造钇铝榴石：人造钇铝榴石与祖母绿都是均质体，其鉴别也与人造玻璃步骤相似。只是人造钇铝榴石的折射率较大，一般大于1.81，一般折射仪测不出，而祖母绿在1.575～1.583，能直接测出来。人造钇铝榴石的内部一般洁净，偶有气泡。

③拼合宝石祖母绿：拼合宝石的形式很多，可有二层或三层拼合。最常见的有祖母绿加绿柱石、祖母绿或绿柱石加绿色人造玻璃、绿色石榴石加绿色人造玻璃、无色水晶加一层绿色材料加无色水晶等。顶部一般采用祖母绿或绿柱石，下层衬有各种不同的绿色材料如人造玻璃、合成祖母绿、色浅的绿柱石等，中间采用无色或绿色的胶黏接。

5. 祖母绿购买注意事项

祖母绿，世界五大贵重宝石之一，它独特的绿色一直是其他任何绿色宝石不能替代的，这也是藏家一直青睐的原因之一，其价格也是一路攀升。但是，"十宝九裂"，在祖母绿中体现得尤为贴切，因此，注油和充填的祖母绿占据了绝大部分。目前，国际鉴定机构对注油的多少会有检测，但对充填、扩散等优化方式却不做检测指标。只有中国珠宝玉石首饰检测中心（NGTC）证书对经过充填的祖母绿会标注"经净度改善"或者"充填环氧树脂"等。

市场对含油的祖母绿是默认为可以接受的一种优化，极微油、微油仍具有收藏价值，但是经过充填或者扩散等优化的祖母绿，已不具有收藏价值。为了确保购买的是天然无优化的祖母绿，一定要察看是否具备两个鉴定机构出具的证书，才能确保所购买到的祖母绿有收藏价值。通过国际鉴定机构（如Gubelin、GRS、Lotus）等证书，可以了解祖母绿的产地和颜色特征及是否注油等信息；通过中国国检（NGTC）鉴定证书，了解祖母绿是否经过充填或扩散等优化处理。

第六章　翡翠　Jadeite

　　翡翠，英文名Jadeite，也称翡翠玉、翠玉、缅甸玉，是玉的一种。翡翠的莫氏硬度为 6.5 ～ 7.5。翡翠之名由来已久，在中国古代，翡翠是一种生活在南方的鸟，毛色十分美丽，通常有蓝、绿、红、棕等颜色。雄性的羽毛呈红色，名翡鸟（又名赤羽鸟），雌性羽毛呈绿色，名翠鸟（又名绿羽鸟），合称翡翠，所以，行业内有翡为公、翠为母的说法。由于历史的原因，翡翠被称为"东方瑰宝"。（图6-1）

图 6-1 翡翠手镯

一、翡翠历史

人类在无法解释一件事物由来时，往往会通过传说来说明。同样，翡翠也不乏美丽的传说。

传说一：情侣化鸟

有一个叫燕赤羽的青年，为了躲避灾荒来到了缅北。因为水土不服，得了"瘴疠"，快死之时，被当地的一个部族首领救活。燕赤羽是从山外来的，见多识广又聪明能干，很快得到了首领的赏识，并把他留下来当了自己卫队的统领。后来又被山官的女儿翠鸟看中，两人暗生恋情并私订终身。可山官为了争夺官位，用毒箭射伤了燕赤羽。翠鸟为了神圣的爱情，保护受伤的燕赤羽逃跑，并在大神官的帮助下化身飞鸟冲出了重重围困。但是，好景不长，这对苦命的情侣被仇人施以妖法，将他们变成了石头，落到了现在的帕敢一带。他们化身成了美丽的翡翠。因燕赤羽死时紧紧地抱着翠鸟，所以翡翠原石外部都有着红色的皮幔，里边才是翠绿的玉石。

传说二：仙女造福

在云南大理，有一中医世家，家中有一个女儿，聪明、贤惠、貌若天仙，被缅王看中，订下终身。出嫁到缅甸后，她看到当地缺医少药，老百姓深受疾病的折磨，于是走遍了伊洛瓦底江的山山水水，为无数的百姓解除了病痛的折磨，最终积劳成疾，病逝于伊洛瓦底江畔的帕敢。当地百姓为她在伊洛瓦底江畔举行了隆重的葬礼，并希望她的灵魂升天。但是，她为了造福百姓，不愿升天享受天界荣华，而是将自己的灵魂融入地下，变成了一块晶莹美丽的石头，成了受世人尊敬的翡翠仙女。

东汉著名学者许慎在其《说文解字》中就对翡翠一词作了明确的解释："翡，赤羽雀也；翠，青羽雀也。"

唐代著名诗人陈子昂在《感遇》一诗中写道："翡翠巢南海，雄雌珠树林。何知美人意，娇爱比黄金。杀身炎州里，委羽玉堂阴。旖旎光首饰，葳蕤烂锦衾。岂不在遐远，虞罗忽见寻。多材信为累，叹息此珍禽。"

还有一种说法，古代的"翠"专指新疆和田出产的绿玉。翡翠传入中国后，为了与和田绿玉有所区别，称其为"非翠"，后来渐渐演变成了"翡翠"。

北宋欧阳修在《归田录》中记载："余家有一玉罂，形制甚古而精巧，始得之梅圣俞，以为碧玉。在颍州时，尝以示僚属。坐有兵马钤辖邓保吉者，真宗朝老内臣也，识之，曰：此宝器也，谓之翡翠。"

由此可见，以"翡翠"指代绿色玉石由来已久，最迟在北宋时，就已被视为珍宝。到了明朝时，缅甸玉传入中国后，就冠以"翡翠"之名。

明朝中期，从永昌腾越至缅甸密支那一线已有"玉石路""宝井路"之称。腾冲至缅甸的商道最兴盛的时期，每天有2万多匹骡马穿行其间，腾冲的珠宝交易几乎占了全世界玉石交易的九成。在缅甸古都阿摩罗补罗城的一座中国式古庙里，一块碑文上刻着5000个中国翡翠商的姓名。

到了清末民初，仅腾冲城内就有翡翠作坊 100 多家，玉雕工匠 3000 多人。被称为"东方瑰宝"的翡翠经云南腾冲、瑞丽等边城输入中国，已有四五百年的历史了。

二、翡翠文化

在人类文明史上，翡翠的发展历史与人类文化的方方面面都息息相关。每一块翡翠的背后可能都有着让人动容的传说，下面是流传较广的几则故事。

①古时，有一位将士，英勇善战，品性质朴。一次，他看见一位乞讨的白发老人，衣衫褴褛，面容瘦弱，便起了怜悯之心，送了些银两给这位白发老人，期望他能回家安度晚年。白发老人在感谢后送给将士一块翡翠玉佩，说："好心人，它会给你带来好运的。"不久之后，这位将士遇到了一场前所未有的恶战，他与众将冲锋陷阵，身边的众将被雨点般的箭射中，纷纷落马，唯独他一阵狂杀坚持到最后。当他脱下盔甲，才发现胸前那块翡翠玉佩已呈现出裂纹，而自己的身体却完好无损，原来敌人射来的几支凶险的箭均被玉佩挡住。从此以后，他倍加爱惜此玉佩，戴着它身经百战，屡战屡胜，最终升至大将军。若干年后，他发现翡翠玉佩上的裂纹已愈合恢复了原状，他认为这件翡翠玉佩是神赐之物，故毕生佩戴，一直到死，殉葬时也戴在胸前。

②民间传说，太阳神有一个十分宠爱的女儿。无论什么都给女儿最好的。到了女儿出嫁的时分，太阳神很舍不得，所以除了大批的金银财宝，太阳神还送给女儿三个蛋。女儿带着这三个蛋来到了出嫁地。从此以后，这个地方就发现了很多的翡翠、宝石，还有上等的黄金和珠宝。这个地方就是今日缅北的孟拱。相关记载阐明，从元代到清代，孟拱曾属中国地图，行政上由腾越统辖。孟拱现属缅甸克钦邦，素有"玉石之乡"的美称。

③《列仙传拾遗》中记载：秦穆公的女儿出生那天正好有人向秦穆公进贡美玉。那玉晶莹透亮，细致润滑，是世上少有的宝物。按当时的习俗，在小孩周岁的时候要进行"抓周"，当时秦穆公将这块美玉放在一堆小器具与玩具之中，抓周的时候秦穆公女儿一眼就看中这块美玉，并且紧抓不放，秦穆公见此就给她取名为"弄玉"，而这块美玉成为弄玉随身佩带之物。弄玉长大之后温柔美丽、冰雪聪明，喜爱音乐。因此秦穆公还为她修建了露天的音乐厅——凤凰台，让她能够对着无垠的星空尽情表演。一天，明月皎洁，弄玉兴起吹奏《凤凰鸣》的曲子，优美的乐声回荡在夜空之中。这时，弄玉听到一阵袅袅的箫声，仿佛从东方天际而来，与自己所奏的曲子相和相鸣。过了一会儿，只见一位翩翩少年跨着彩凤而来，并对弄玉自我介绍："我叫萧史，本是神仙，因为和你有缘，才应曲而来。"自此以后两人经常在凤凰台上切磋技艺，情投意合。弄玉与萧史的爱情得到了秦穆公的允许，两人成亲之后便到华山进修。有一天，天上飞下龙凤，弄玉骑着凤，萧史骑着龙，双双成仙而去。

古诗云：

翡翠无穷掩夜泉，犹疑一半作神仙。

秋来还照长门月，珠露寒花是野田。

翡翠的华美，连夜泉的光芒都掩盖不住，古今文人对于翡翠的喜爱可见一斑。

"玉养人，人养玉"。在漫长的岁月中，我们的祖先在翡翠上创造了许多向往美好生活、追求寓意吉祥的图案。这些吉祥的图案生动逼真，各种各样，包括人物、器物、动物、植物等等，表现内容上有祈求福寿、多子多孙、百年好合、龙凤呈祥、吉祥如意……翡翠是中国人手中的宝，更是中国人心中的魂。

三、翡翠产地

1. 产地分布

市场上商业品级的翡翠玉石95%以上来自缅甸。缅甸的玉石成交额极高，据2013年由美国哈佛大学的一项调查表明，仅2011年，缅甸的玉石成交额便高达80亿美元。

除了缅甸外，世界上出产翡翠的国家还有中国、危地马拉、日本、美国、哈萨克斯坦、墨西哥和哥伦比亚。这些国家翡翠的特点是达到宝石级的很少，大多为一些雕刻级的工艺原料。中国新疆和田地区策勒县也出产少量翡翠矿石。

2. 翡翠质地结构价值

翡翠的质地是由翡翠的结构决定的。在宝石学中翡翠的结构统称交织结构，包含纤维交织结构、粒状纤维交织结构、交代结构（晶状颗粒）。

翡翠的结构决定了翡翠的质地、透明度和光泽。也就是我们常说的"种"。一般来讲，矿物颗粒粗，翡翠质地就粗糙松散，透明度和光泽也差；相反，矿物颗粒细者，则翡翠质地细腻致密，透明度好光泽也强。纤维交织结构者韧性好，而粒状结构者韧性差。

纤维交织结构：纤维交织结构使整体结构更牢固，翡翠质地坚硬，不易断裂，类似我们丝质面料。（图6-2）

粒状纤维交织结构：属于中粒状，粒状1～2毫米，肉眼下易见，颗粒较粗，边界平直颗粒间结合越松散，翡翠质地就松散，透明度和光泽也相对较差。（图6-3）

交代结构（晶状颗粒）：这种具有晶状结构的翡翠，由于较干净的晶状结构会在玉质颗粒中呈现出透明晶体的状态，容易使初学者误认为是水头足且质地细腻，但肉眼观察时无颗粒的翡翠所产生的透明感，实际上差别是很大的。业内称此为"假水"。交代结构的翡翠，玉质颗粒粗，结构疏松，内包晶体颗粒。

（图 6-4）

3. 翡翠的光泽和透明度

翡翠的光泽： 玻璃光泽。

翡翠的透明度： 翡翠的矿物颗粒越细，则透明度（即"水头"）越好，光泽越强；颗粒越粗，则透明度、光泽越差。另外翡翠中铁、铬等杂质元素含量

图 6-2 纤维交织结构的翡翠

图 6-3 粒状纤维交织结构的翡翠　　　　　图 6-4 交代结构的翡翠

太高时，透明度变低（甚至不透明）。（图 6-5 ）

4. 翡翠的净度

净度特征是指能够影响到宝石外观完善性的各种现象。

翡翠常见的净度特征：石花、色斑、翠性闪光、石纹（愈合裂隙）、裂纹等。

①石花：翡翠中团块状的白色絮状物，专业上把白色絮状物比较轻微的称为芦花，比较明显的白色或灰白色絮状物称为棉花，非常明显的称为石花或石脑。

②色斑：有黑点、深色色斑和黑块。

③翠性闪光：翡翠中除去绿色以外的部分称为"底"，翡翠的底子越细腻、越均匀，透明度越高，就越能把绿色衬托得更美丽。透明度、结构、翠性是评价质地好坏的重要因素。翡翠的翠性，也称"苍蝇翅"（图 6-6 ），在翡翠表面上表现为星点状、线状及片状闪光。翠性根据反光面的大小分别称为"雪片""苍蝇翅""沙星"。

④石纹：愈合裂隙和填充杂色的愈合裂隙。

⑤裂纹：裂纹分为内裂和外裂。

5. 翡翠的颜色与价值

翡翠的颜色归纳起来有五类，即白色、绿色、紫色、黄到红色、黑色。其中，黄到红色是次生色；白、绿、紫、黑为原生色。"翡红绿翠紫为贵"，讲的是翡翠中的一种独特的颜色，紫色翡翠也称为春色。

翡翠中的绿色分为黄阳绿、豆绿、翠绿、蓝绿，以饱和度极高的绿色分布均匀饱满，即所谓"满色"为最高档的翡翠。

紫罗兰翡翠（春色）：紫色翡翠也称紫翠，按其深浅变化可有浅紫、粉紫、紫、蓝紫，甚至近乎蓝色。（图 6-7）

黄色和红色翡翠：鲜艳的红色也称"翡"或"红翡"（图 6-8）。纯度较高的黄色，我们称"鸡油黄翡"。

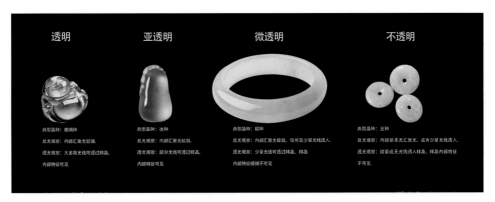

图 6-5 透明度对比图

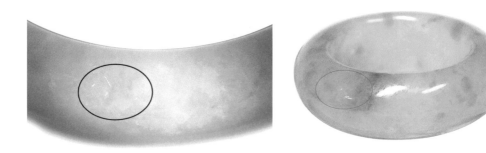

图 6-6 苍蝇翅

图 6-7 紫色翡翠

图 6-8 红翡

黑色翡翠：翡翠的黑色外表看来有两种，一种为深墨绿色，主要是由于铬、铁含量高造成的，强光源照射呈绿色；另一种是呈深灰至灰黑色的翡翠，这种黑色是由于含有暗色矿物造成的。（图 6-9）

白色翡翠：白色至灰白，质地变化大，水头不一。

彩色翡翠：主要有春花与福禄寿。春花：紫色、绿色、白色相掺，有春花怒放之意（图 6-10）。福禄寿：绿色、红色、紫色同时存在于一块翡翠上，象征吉祥如意，代表福禄寿三喜。有时同一块料上可有五种颜色。

6. 翡翠的种与价值

根据翡翠的质地、透明度、色等特征可将翡翠分为老坑种、玻璃种、冰种、水种、糯种、翠丝种、金丝种、白底青种、紫罗兰种、红（黄）翡种、马牙种、豆种、油青种、铁龙生种、干青种等几十种类型。

老坑种：一般称为老坑玻璃种，具有玻璃光泽，质地细腻纯净，没有瑕疵；颜色是纯正、明亮、浓郁、均匀的翠绿色；硬玉晶粒很细，肉眼很难观察到"翠性"；在光的照射下，呈现半透明至透明状，是翡翠家族中的上品或极品。（图 6-11）

图 6-9 墨翠　　　　图 6-10 春花　　　　图 6-11 老坑玻璃种

玻璃种： 玻璃种与老坑玻璃种不同的是，不带绿色，与玻璃一样通透，品质非常细，结晶颗粒密致，特点是肉眼直观带有荧光，即行家说的"起荧"。（图6-12）

冰种： 水头极佳，冰种，比玻璃种略差，敲击玉体音呈金属脆声，玉体形貌观感似冰晶，颜色很淡或者无色。可细分为高冰种（图6-13）、糯冰种（图6-14）和冰糯种（图6-15）三个类别。高冰的冰种（图6-16）水头足，具有很高的透明度，质地极佳，但未达到玻璃种。冰糯种的品质要略高于糯冰种，是一种透明度好、

图 6-12 玻璃种

图 6-13 高冰种

图 6-14 糯冰种

图 6-15 冰糯种

水头好的糯种翡翠，其品质可达到冰种水平。

水种：品质比老坑玻璃种质地要粗，光泽、透明度也略低于老坑玻璃种，与冰种基本相似或相当，通透如水，光泽柔和，颜色很淡或无色，质地略低于老坑种。可细分为蓝水种（图 6-17）、晴水种、水种（图 6-18）。

翡翠蓝水种比较老，刚性也比较好，质地通透细腻，水头比较好，甚至在冰种以上；而蓝水种的色是根底色，底色还属于在青色的范畴内，飘花也比较少见，蓝水种均匀细腻，同翠色的条带或斑块分布有很大的区别。翡翠蓝水种中最好的是纯正蓝，偏绿偏灰会使得颜色杂乱，种水不够则颜色发闷，显灰暗。

晴水种也叫晴水地，常见的晴水种还带有淡淡的蓝色或者绿色，颜色看起来有些淡蓝色、淡绿色，或者淡蓝绿色，更加的悦目、纯净，颜色虽然很亮，但是很淡，色地相溶，有水一般的灵性，颜色均匀柔和，看起来就像是晴朗的天空一般！

简单来说，蓝色重的称为蓝水种；泛绿、透光的称为晴水种。

翠丝种：颜色呈丝状定向分布，是质地、颜色都非常好的翡翠。（图 6-19）

芙蓉种：颜色一般为淡绿色，清澈，纯正，不含黄色调，有时其底子略带

图 6-16 冰种　　　　　　　图 6-17 蓝水种　　　　　　图 6-18 水种

粉红色。（图 6-20）

　　紫罗兰种：一种紫色翡翠，质地变化大，水头不一。（图 6-21 ）

　　藕粉种：质地细腻如同藕粉粥，颜色呈浅粉紫红色（浅春色）。特点是玉件通体如藕粉粥一样，浅浅的粉紫红色常常与翠色共生，形成协调的组合。

图 6-19 翠丝种

图 6-20 芙蓉种　　　　　　　　　　图 6-21 紫罗兰种

藕粉种的结构与芙蓉种的结构有点相近，在 10 倍放大镜下观察，可以看到硬玉晶粒，但较芙蓉种更细，且晶粒界面十分模糊。

白底青种：其底子如雪一样洁白，绿色在白色的底子上显得非常鲜艳。绿色在白色的底上呈斑状分布，透明度差，不透明或微透明，以细粒结构为主。（图6-22）

马牙种：一般以白至灰白为底色，质地较细，但不透明，瓷底，多为绿色，仔细观察可发现底子泛青白色，属中档货品。

金丝种：是一种色形大体定向排列的翡翠，在浅底之中含有黄色、橙黄色的，色形呈条状、丝状平行排列且定向结构发育明显的翡翠，除颜色与翠丝种不同外，其他特征与翠丝种相同。质地有粗有细。

干白种：是一种质地粗、透明度不佳的白色或浅灰白色翡翠。其基本特质是种粗、质地水干、不润。（图6-23）

花青种：颜色分布不均匀，质地有粗有细。（图6-24）

图 6-22 白底青种

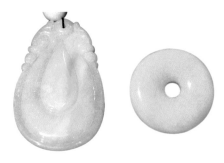

图 6-23 干白种

图 6-24 花青种

油青种：暗绿色，质地细，水头好，有油脂光泽，以绿辉石为主，看起来有油亮感。（图 6-25）

豆种：颜色呈浅豆绿色，颗粒粗，水头差。（图 6-26）

铁龙生种：是一种正绿、结构致密、水头差的翡翠，由富铬硬玉矿物集合体组成。矿物主要为硬玉，占 95% 以上。

图 6-25 油青种

图 6-26 豆种

干青种：颜色浓绿，色泽纯正，但透明度差，阳光照不进去，质地粗。

红翡种：（棕）红色，质地变化大，水头不一。

黄棕翡种：颜色棕、黄，质地变化大，水头不一。

四、翡翠价值

1. 价值评价

翡翠寓意丰富，与人们的爱情、幸福、快乐、吉祥、富贵紧密相关，所以翡翠往往形成系列产品，诸如爱情题材系列、避邪题材系列、幸福题材系列、富贵题材系列、吉祥题材系列等等。

翡翠的颜色自然而富于变化，与自然界极为协调，代表着万物生机勃勃与青春活力，深受东方民族尤其是中华民族的喜爱。古人视翡翠如宝，作为珍饰佩用（图 6-27）。古人医书称"玉乃石之美者，味甘性平无毒"，认为玉是最能帮助人体蓄养元气的物质。

现代科技表明，玉石含有锌、镁、铜、铬、锰等对人体有益的微量元素，经常佩戴玉石可使其中的微量元素被人体皮肤吸收，有助于人体各器官生理功

图 6-27 翡翠戒指

能的协调平衡。有的玉石具有白天吸光、晚上放光的物理特性，当玉石光点对准人体某个穴位时，可刺激经络、疏通脏腑，有明显的保健功能。

2. 收藏价值

翡翠拥有浓厚的文化底蕴，具有一定的收藏价值。据说，在恢宏的紫禁城里，如今存留下来的三万多件玉器中，有两万多件都历经了两个人的把玩和保藏，他们一位是在位 60 年之久的乾隆皇帝，另一位就是垂帘听政 46 年的慈禧太后。

一般来说，普通翡翠的投资价值不高，只有高档翡翠才有更大的升值空间。

选择翡翠首先要选玉质透明或似透明的，行家称为"老种玉"，价值也最高；半透明玉质的称"新老种"，价值次之；玉质不透明，发干的叫"新种玉"，价值较低。而在所有翡翠中，绿色的翡翠最为名贵，其次为紫色。在 2003 年，一只满紫手镯只值几万元，但时至今日，同样品相的满紫手镯已经达到百万元。

五、翡翠鉴赏

1. 鉴赏标准

关于翡翠比较规范的鉴赏标准主要有以下几个方面：

切工：翡翠成品加工分为光身成品和雕花成品两大类。光身成品对原料要求较高，不能有裂纹，因为一有裂纹就很容易见到。有裂纹的翡翠，大都用来做花件，通过雕刻手法可以掩盖裂纹。因此在评价光身成品与花件时，在同样质量的情况下，光身制品要贵过花件雕品，当然工艺特别精湛的雕玉则例外。

分级：翡翠分为三个等级。一是特级：艳绿色（祖母绿色）、苹果绿色，玻璃种（半透明、质地细腻），均匀鲜艳，无杂质，无裂纹。二是商品级：绿色，油青种，微透明，间杂半透明的祖母绿色细脉和斑点翠。三是普通级：豆绿色、浅绿色，藕粉种，白色细腻，微透明。不透明翡翠，一般只做玉料首饰。

光泽：翡翠呈玻璃光泽，半透明或透明。翡翠因含有不同的金属离子而呈现各种颜色，通常有白、红、绿、紫、黄、粉等。纯净无杂质者为白色。若含有铬元素，则呈现出柔润艳丽的淡绿、深绿色，名之为翠。此品种最为名贵，极受人们的珍视喜爱。若含锰则呈现淡紫色、深紫色，常称为春种或藕粉种；含铁元素，则呈现暗红、褐红、赭红色，被人们称为翡；含铬和铜元素，则呈现淡蓝、淡青色，人称橄榄水。高档翡翠除颜色好之外，质地也极其重要。一般颜色鲜嫩漂亮，质地较透明，玻璃光泽强者为上品。质地发干，透明度较差的品种次之。

结构： 指的是组成翡翠的结晶微粒的粗细，结晶体的形状及其结合的方式。行话称结构为"底"，也称"地"。

净度： 翡翠与其他宝石一样，净度是评估价值的一大标准，翡翠的瑕疵，主要是白色和黑色。在评价翡翠时，根据瑕疵对翡翠美观造成的损害程度可以决定翡翠的价值。对高档货来说，瑕疵是严重的缺憾；而对中、低档货来说，影响会小得多。

透明度： 翡翠是多晶体，多数为半透明，甚至不透明。它不可能像单晶体宝石如祖母绿那样透明，使光线可以自由透过，显得很晶莹。

翡翠级别可从正、浓、阳、和四个方面进行鉴别。

正： 就是指色调的范围，根据主色与次色的比例而定，就是说要纯正的绿色，不要混有其他的颜色。例如油青种中常有混油蓝色，价值就会降低。

浓： 指颜色的浓度，与深浅度不同，"浓"是指在色调不变的情况下，色的透明度要高。就翡翠绿色来讲，浓度最好在70%～80%之间，90%已经过浓了。

阳： 是指翡翠颜色的鲜艳明亮程度。翡翠的明亮程度主要是由翡翠所含的绿色、黑色或灰色的比例来决定的。如果绿色比例高，颜色就会显得明亮；如果黑或灰色比例高，颜色就会显得灰暗。越鲜艳的翡翠，价值越高。

和：是指翡翠颜色分布的均匀度。翡翠颜色一般分布都是不均匀的，根据颜色分布的均匀程度，分为均匀、较均匀、尚均匀、不均匀和花斑状五个等级。最佳的颜色是绿色纯正、鲜艳明亮、分布均匀，这类高档翡翠，也就是人们常说的老坑种。

2. 真假鉴定

翡翠原石的优化：

造假开口：在无色、水头差的低档赌石上切小口黏贴高翠薄片，以劣充优。鉴定时应仔细检查周边黏合的痕迹，缝隙的形态和温差变化对其的影响。

造假皮壳：将次料、废石、假货黏上优质翡翠皮壳，再埋在经酸、碱浸过的土壤中，使之变为相似"真皮"，以掩盖人工痕迹。鉴定时，首先用水清洗干净，然后检查皮壳每个点面，不放过细小孔、缝、洞，并对比颜色、粒度变化。

优化颜色：用焓色、染色使无色、淡色的石料变成鲜艳的翠绿色，还有用涂蜡、涂漆等方法来做假。鉴定方法主要有：用滤色镜观看，假翡翠的焓色就会变成红色；用放大镜观看颜色的分布变化，如果是人工着色，在细小的裂绺中颜色较重，其他部分比较轻淡或无色。

造假芯子：将高档翡翠挖芯取出一部分，留下靠近皮部分的高翠，再注入铅等物质后密封好切口。鉴定时，测重量过重过轻都可能是假芯货。对外皮的可疑点，用镊子、刀子划以测度有无软性物，寻找黏贴迹象。

翡翠成品真假 A 货、B 货和 C 货的区别：

在购买翡翠时，人们常常会听到 A 货翡翠、B 货翡翠和 C 货翡翠。在翡翠的鉴定中 A、B、C 货翡翠到底代表了什么呢，下面我们做详细的介绍。

A 货翡翠：所谓 A 货翡翠就是从翡翠原石开采出来到磨制成翡翠成品的过

程中，没经过任何的化学处理，也没有经过高热、高压等人工处理，属于纯天然翡翠，A货翡翠就是天然翡翠的代名词。但天然翡翠也有等级区别，不是所有的A货天然翡翠都具有收藏价值，鉴定翡翠的真假或者是否优化，比较容易的方法是通过专业珠宝玉石鉴定证书可以区别。但是鉴定翡翠的品质等级，是否具有收藏价值则需要通过对翡翠的底、种、色、形等综合评定。

B货翡翠：B货翡翠是指采用化学溶液浸泡的方法将一些品质较差的翡翠内部存在的各种黑色或杂质清除，即"洗底"。被洗底的翡翠看起来纯净无杂质，提升了翡翠的观感。但经过这种处理方法会破坏翡翠的内部结构，导致翡翠的结构变得松散易碎并在翡翠表面形成蚀坑，用放大镜仔细观察极易发现。也有一部分在洗底后再注胶，这种注胶后的翡翠佩戴一段时间后便会出现发黄变色现象。这类型翡翠不具备收藏价值。

C货翡翠：C货翡翠是指经过酸洗和染色的翡翠。将品质很差无色多杂质的翡翠用化学溶液浸泡去除杂质后再通过染色处理。染色翡翠在观感上与天然翡翠很相似，但由于染料无法进入翡翠的内部，仔细观察，可以发现染色翡翠是没有色根的。而这些颜料是有毒化学物质，随着时间的推移颜料便会渐渐脱落，对人体健康造成损害。

第七章　尖晶石　Spinel

　　尖晶石，英文名 Spinel，是一种历史悠久的宝石品种。尖晶石的名字有两个起源：一是来自古希腊文 spintharis（火花）一词，表明她有着明亮的红色；二是来自拉丁文的 Spina（刺、尖端）一词。尖晶石的莫氏硬度为 8。尖晶石的结晶外形为立方结晶，有一个尖锐的角，故以此命名。由于它具有美丽的颜色，自古以来缅甸红色的尖晶石常常被人误认为红宝石，所以它是世界上最优秀的"冒名顶替者"。尖晶石的霓虹感，让尖晶石成为除五大名贵宝石之外，值得收藏的宝石之一。拥有霓虹感的宝石并不多见，霓虹感就是宝石自身颜色的光溢出的感觉。没有暗域。好比绝地武士的光剑和霓虹灯。（图 7-1）

图 7-1 尖晶石

一、尖晶石历史

尖晶石自古以来就是较珍贵的宝石。由于它的美丽和稀少，所以也是世界上最迷人的宝石之一。更有趣的是，自古以来人们一直把它误认为是红宝石。

在古代，中亚和东南亚的矿山盛产非常大的尖晶石晶体。这些精美的宝石被称为巴拉斯红宝石（Balas Rubies），其中一些成为帝王的珍贵财产，常常作为战利品而被争来夺去。因此一些世界上最著名的"红宝石"实际上就是尖晶石。

据历史记载，在中世纪时期，人们在古巴达克吉斯坦（地理位置覆盖现在的阿富汗和塔吉克斯坦部分区域）发现了尖晶石矿，在当地的古老语言里，人们称之为巴拉红宝石（Bala Ruby）。

据著名旅行家马可·波罗的记载，曾经有一个名为巴达山的国家，这个国家以伊斯兰教徒为主体，国家实行王位世袭制，而且拥有本国独特的语言。当地有一座名为思吉南的山，产出了许多大颗粒的珍稀尖晶石。在当时，这座矿山归王室所有，为保证宝石的珍稀性，尖晶石的开采量被严格控制。这里开采出来的尖晶石被皇帝赋予了极高的政治价值，经常作为贵重的礼物供奉给其他国家。

在古代中国，按礼制规定通过观察帽子的顶珠，可以了解对方的官职和品级。清末著名的商贾胡雪岩就被人们称为"红顶商人"。到了近代，经过珠宝专家的鉴定，我国清朝绝大多数官员的红色顶珠都不是红宝石，而是尖晶石。

直到 19 世纪，人们还因为尖晶石那无与伦比的色彩把它纳入红宝石的名号下。这一历史性的误会，不仅仅因为尖晶石外表颜色接近红宝石，更因为开采的地区也与红宝石相同。

据考证，公元 1000—1900 年是古巴达克斯坦尖晶石矿开采的顶峰时期，世界上许多被收藏的顶级红尖晶石都出产于此地，而今我们可以在各大博物馆看到这种巴拉红宝石的身影。

红色尖晶石因含有铬元素，所以呈现出鲜明娇艳的红色，这点亦与红宝石相同。主要出产尖晶石的地方是缅甸、马达加斯加、坦桑尼亚等国。

缅甸出产的红色尖晶石与缅甸鸽血红宝石非常相似，令人着迷。尖晶石中，红色是最有价值、名望最高的颜色，蓝色尖晶石的颜色若接近蓝宝石，也很受欢迎。在偶然的情况下，还会发现变色尖晶石和星光尖晶石。

因几千年的"冒名顶替"，尖晶石的知名度并不高。但它的美丽、它的历史、它的稀少对于宝石追慕者来说，永远有着无法抵挡的魅力。

二、尖晶石文化

由于历史的原因，关于尖晶石的历史参考资料非常稀少，但是在人类文化史上，尖晶石却与巫师和炼金师紧密相连。巫师和炼金师们认为，尖晶石具有超人的灵性。操作方法是：把一粒尖晶石包在纸中，如果尖晶石开始摇摆，就说明尖晶石发现了罪恶的存在。

红色的尖晶石因为拥有与红宝石极为相近的鲜亮华贵的红色，所以在许多国家，都曾把红色尖晶石误认为是红宝石，受到皇宫贵族、王侯将相的喜爱，在梵蒂冈教皇的皇袍上，在俄国沙皇、英国国王的皇冠上，都曾镶嵌过尖晶石，它们被视为权力、财富的象征。

其中一个最著名的例子就是"黑王子红宝石"。这颗历史悠久的深红色宝石，因镶嵌于英王王冠上，且曾救过英王一命，而被世人景仰。其实，早在"黑王子红宝石"被镶嵌于英王王冠之前，它所经历的传奇历史就已见证了欧洲王室数世纪的荣耀和沉浮。

"黑王子红宝石"重达 170 克拉，是一颗硕大的红色尖晶石，其产地已无法考证，但自 1367 年出现在典籍中起，它就是欧洲王室的珍贵宝物。最初，它属于今天西班牙境内的格拉达国王格拉纳达。卡斯蒂利亚国王佩德罗为了夺取格拉达国王格拉纳达的江山和宝藏对其发起了猛烈进攻。随着格拉纳达生命的结束，这颗红色尖晶石被纳入佩德罗的收藏匣。

后来，在纳维尔战役中，佩德罗几乎陷入绝境。幸运的是，在命垂一线之际，佩德罗得到了安茹王朝国王爱德华三世之子威尔士王子的出手相助，转危为安。为感激威尔士王子的救命之恩，佩德罗将这颗美艳硕大的尖晶石送给威尔士王子作为答谢。

因为威尔士王子皮肤黝黑，被人们称为"黑王子"，这颗被人们误认为红宝石的珍贵尖晶石，也被称为"黑王子红宝石"，并被英国王室收藏。

1413 年，即将即位的英王亨利五世将"黑王子红宝石"镶嵌在自己的头盔上。1415 年，在阿金库尔大战中，亨利五世战胜了兵力数倍于自己的敌方。正是在这场几乎不可能获胜的"逆袭"战役中，亨利五世被人当头一劈，正中头盔上的"黑王子红宝石"。近乎奇迹的是，不仅遇袭的亨利五世毫发无损，这颗受到迎面一击的"黑王子红宝石"竟然也完好无损。从此，这颗名为"黑王子红宝石"的幸运尖晶石，得到了英国王室的特别垂青。

1649 年，英国议会以"暴君、杀人犯及国家敌人"之罪名将时任英王的查理一世送上断头台，废除上院和君主制，成立共和国。随之，大量英国皇室珍宝被拍卖。1653 年，"黑王子红宝石"被标价拍卖，保皇党人买下了这颗巨大的传奇宝石，并于王权复辟后再次献给英王。

1660 年，在查理二世统治期间，"黑王子红宝石"被镶嵌到英王王冠上，并雄踞王冠正中最耀眼的位置。迄今，这颗极富传奇的著名尖晶石，保存在伦敦塔中，任世人在面前穿流而过，它一如既往地从容地释放出高贵、典雅的红色光芒，历久弥新。

世界上最迷人并富有传奇色彩的红色尖晶石，是"铁木尔红宝石"。这颗产自阿富汗的深红色尖晶石，重达 361 克拉，没有切面，只有自然抛光面，几乎没有光泽，因而更加呈现出宝石的自然美，同样也在很长一段时间里，被冠以"红宝石"的头衔。

或许是因为拥有者太想与这颗宝石一样光艳照人，流芳百世，所以从"铁木尔红宝石"被发现之后，一个又一个拥有者相继在它的上面刻下铭文。铭刻在"铁木尔红宝石"上的印记之多，在世界珠宝史上也是极其罕见的。

1389 年，铁木尔在征服印度新德里时，获得了这颗稀世珍宝，当他回到波斯时，这颗尖晶石也被带到了撒马尔罕。1447 年，铁木尔的儿子沙哈鲁驾崩，铁木尔的孙子兀鲁伯即位，兀鲁伯第一次在"铁木尔红宝石"上刻上自己的名字。

1846 年，英国殖民者征服班贾布后，将当地大量的国家宝藏打包，悉数运回英国本土。"铁木尔红宝石"和"光明之山"钻石一并远渡重洋，至此永远地离开了班贾布，来到了英国。

三、尖晶石产地

1. 产地分布

宝石级尖晶石主要是指镁铝尖晶石，主要产于冲积砂矿中，一般是在寻找红宝石、蓝宝石时发现的。世界上很多国家都产尖晶石，以东南亚各国最多，其中缅甸、斯里兰卡、泰国的红色尖晶石和蓝色尖晶石宝石最为著名，阿富汗则以出产大颗粒的红色尖晶石而驰名。

此外，意大利、美国、德国、巴西、马达加斯加、坦桑尼亚等地也有尖晶石产出。中国古代的尖晶石多来自西南紧邻的各国，近三十年来，在江苏、河南、新疆等地也陆续发现了一些尖晶石矿点。坦桑尼亚马亨盖（Mahenge）的热粉尖晶石也非常知名。

2. 尖晶石的品种

尖晶石常以颜色及特殊光学效应来划分宝石品种，常见的品种有：

红色尖晶石：纯正红色尖晶石是尖晶石中最珍贵的品种，这种品种过去常被误认为是红宝石。

蓝色尖晶石：多数蓝色尖晶石都是从灰暗蓝到紫蓝，或带绿的蓝色。

橙色尖晶石：是橙红色至橙色的尖晶石品种。

无色尖晶石：很稀少，多数天然无色尖晶石或多或少带有粉色色调。

绿色尖晶石：颜色发暗，有的基本呈黑色，真正的黑色尖晶石在蒙特桑玛、泰国等有发现。

变色尖晶石：非常稀少。在日光下，呈蓝色；在人工光源下，呈紫色。

星光尖晶石：这种尖晶石一般呈暗紫色到黑色，数量很少，可呈四射星光或六射星光，主要发现于斯里兰卡。

由于尖晶石含有镁、铁、锌、锰等元素，根据这些矿物元素又可以将它分为：铝尖晶石、铁尖晶石、锌尖晶石、锰尖晶石、铬尖晶石等。

由于含有不同的元素，不同的尖晶石可以有不同的颜色，如镁尖晶石为红、蓝、绿、褐或无色，锌尖晶石则为暗绿色，铁尖晶石为黑色等。

尖晶石呈坚硬的玻璃状八面体颗粒或块体。它们出现在火成岩、花岗伟晶岩和变质石灰岩中。有些透明且颜色漂亮的尖晶石可作为宝石，有些只作为含铁的磁性材料。

四、尖晶石价值

1. 价值评价

尖晶石是一种历史悠久的宝石品种，也是世界上最迷人的宝石之一。以前，人们把品相好、色泽艳丽的红色尖晶石，错当红宝石使用，但这种错认恰恰证明了尖晶石与红宝石一样美丽与高贵。

目前世界上最大的红色尖晶石重 520 克拉，现收藏在英国自然历史博物馆。

世界上最大、最漂亮的红天鹅绒色尖晶石，重 398.72 克拉，现存于俄罗斯莫斯科钻石库中。

除以上两颗著名的尖晶石之外，还有许多历史久远的贵重尖晶石。

撒马利亚尖晶石：这颗伊朗皇冠上的、重 500 克拉的撒马利亚尖晶石被认为是世界上著名的优质尖晶石。

卡鲁尖晶石：这颗重 133.50 克拉的宝石由维多利亚和阿尔伯特博物馆收藏，刻有莫卧儿帝国皇帝的名字。

莫卧儿项链上的尖晶石：这条项链镶嵌有 11 颗总重达 1131.59 克拉的帕米尔尖晶石，2011 年在佳士得拍卖会上，成交价为 520 万美元。

2. 贵重尖晶石与价值

绝地武士尖晶石（Jedi Spinel）：

绝地武士尖晶石一般指缅甸纳米亚（Namya）、曼辛（Man sin）矿区出产的尖晶石，因为霓虹荧光感极强，颜色不带任何暗色调的艳粉色、艳红色，自身颜色的光从宝石中溢出，即使在光线很暗的地方，也可以光彩夺目，仿佛绝地武士的霓虹剑一样闪耀，所以被称为绝地武士尖晶石。

绝地武士尖晶石，因含有铬的原因，有超强的荧光，颜色浓、纯正，高饱和度，因而得名。

绝地武士尖晶石与一般尖晶石在颜色上的差别，主要还是因为致色元素的含量差异。普通的红色尖晶石多为铬、铁离子共同致色，且铁离子含量高，所以一般都会带有暗红色调。而真正的绝地武士尖晶石的颜色具有红主粉辅带橙色调的艳红粉色（Reddish pink）和粉主红辅带橙色调的艳粉红色（Pinkish red），并伴有强荧光霓虹感无暗域。

从产地上看曼辛所产出的绝地武士尖晶石是山料，缅甸语 Man sin 的含义就是明镜。像镜子一样闪亮，也侧面说明了曼辛的绝地武士尖晶石亮度好，暗域少，要比纳米亚的红，往往呈现艳粉色。而且曼辛出产的尖晶石颗粒比纳米亚出产的大。（图 7-2）

纳米亚所产出的绝地武士尖晶石，都为籽料，被河水冲刷过的晶体特别透亮，荧光强，具有强烈的霓虹感。（图 7-3）

曼辛所产出的尖晶石产量本来就不高，而真正的绝地武士尖晶石更是万里挑一，少之又少。一般市面上可见到的绝地武士尖晶石大都是 0.5 克拉以下的。超过 1 克拉的已经属于稀有，顶级的绝地武士尖晶石价格甚至超过同等重量的莫桑比克无烧红宝石。

马亨盖尖晶石：因产自于坦桑尼亚的马亨盖地区而得名。马亨盖尖晶石的颜色由粉色到红色，包括红色、紫色、粉红色、粉橙色、橙粉色、橙红色、红橙色等，具有霓虹效应。极少见的特殊的晶质拥有天鹅绒光泽和丝绒光泽，让马亨盖尖晶石更具魅力。

坦桑尼亚马亨盖的高饱和度霓虹粉色尖晶石，如电光般粉嫩娇艳，如夜空中划过的流星，一闪而过。自 2004 年出现在美国图森珠宝展，到 2007 年就已经停产。目前市场上产自坦桑尼亚的具有类似颜色的粉色尖晶石都称为马亨盖尖晶石，马亨盖尖晶石会出现大克拉的晶体，但是价格很高。（图 7-4）

抹谷红尖晶石：抹谷红尖晶石产自缅甸抹谷矿，与缅甸鸽血红红宝石的颜色比较像，与马亨盖尖晶石不同的是抹谷红尖晶石是饱和度极高的浓郁的红色。抹谷红尖晶石光泽度非常好，未经抛光的原石光泽已趋于完美。在缅甸称抹谷红尖晶石为"灵魂光泽"。价格可以参照马亨盖霓虹粉尖晶石。（图 7-5）

图 7-2 曼辛（Man sin）绝地武士尖晶石及荧光效果

图 7-3 纳米亚（Namya）绝地武士尖晶石及荧光效果

蓝色钴尖晶石（Cobalt Spinel）：尖晶石因为含有亚铁和锌而呈蓝色。如果再含有钴就会成为蓝色的钴尖晶石。钴元素决定了钴尖晶石的蓝色浓度，钴尖晶石不但可以呈现出美丽优雅的孔雀蓝色，在日光下还可以呈现出皇家蓝或者矢车菊蓝，在白炽灯下，还呈现紫罗兰色。

蓝色钴尖晶石主要产地有越南、坦桑尼亚和斯里兰卡。斯里兰卡的钴尖晶石大部分带有灰色调、绿色至紫色调，严重的有些发黑。颜色浓郁的钴尖晶石非常珍贵，小而稀少。全世界仅缅甸、斯里兰卡、越南极少量产出，因此也非常珍贵。如果有特殊的光学效应的钴尖晶石就更加稀有珍贵。不带有灰色调的蓝色钴尖晶石与同级别的带灰色调比较，价值上可能会出现 10 ~ 100 倍的差异。超过 1 克拉的高品质钴尖晶石，市面上也很难见到，极具收藏价值。（图 7-6）

图 7-4 马亨盖尖晶石及荧光效果

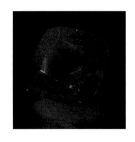

图 7-5 抹谷红尖晶石及荧光效果

图 7-6 蓝色钴尖晶石

3. 收藏价值

尽管人们对尖晶石的误解曾经持续了上千年，但今天已经有越来越多的人认识到了它的价值。既然它的美丽可以与红宝石相媲美，那它为什么不能获得与它的美丽相对应的价值呢？

2007 年，坦桑尼亚的马亨盖矿发现了大量的红色尖晶石晶体，这种美艳的红色魅影再次吸引了业内外的目光。仅仅过了几个月，这种深红色尖晶石的价格就翻了两至三倍，需求量飙升。

时至今日，从皇室贵族御用珍宝到高级藏家私藏，越来越多的人开始了解尖晶石，尖晶石跃然出现在巴黎、日内瓦、纽约、东京、中国香港、伦敦等国际大都市的高级珠宝沙龙里，逐渐成为上流社会和珠宝藏家们心驰神往的对象。

价值的回归带动了价格的回归。价值的回归给人们带来了欣喜，缅甸、越南等尖晶石产地，都成了寻宝之人趋之若鹜的对象。著名的国际品牌公司也派出猎头大量收集尖晶石，导致了尖晶石整体价格的飙升。

五、尖晶石鉴赏

1. 鉴赏标准

尖晶石的鉴赏标准主要包括以下几个方面:

色彩:尖晶石的色彩最重要的是它的明艳度、荧光性,这决定了尖晶石的价值,无论是明艳的粉红色绝地武士尖晶石、正红色的抹谷红尖晶石、热粉色的马亨盖尖晶石,还是蓝色钴尖晶石,它们共同的特点都是色彩的纯度和明艳度超高。所以这几种尖晶石的价格也是最昂贵的。

产地:尖晶石的产地与其他宝石一样是非常重要的鉴定标准之一,缅甸纳米亚和缅甸曼辛所产的绝地武士尖晶石,强荧光,无任何的暗域,光彩从宝石中溢出;缅甸的抹谷红尖晶石、坦桑尼亚的马亨盖尖晶石,产地不同,所含的元素也不同,因此在评价尖晶石的价值时,产地也是非常关键的。

净度:要求越透明通透越好,和所有宝石一样,具有高净度的尖晶石更值得投资者考虑。

切割:切割优异的尖晶石更能凸显宝石之美。过薄或过厚的亭部,为了保重而没打磨到的小矿缺口或小矿坑,以及为了迁就原石进行的不对称切割都会影响尖晶石的商业价值。

重量:和所有的宝石一样,越大的尖晶石越具有收藏价值。一般来说超过1克拉的绝地武士尖晶石已经非常稀少,对于颜色特别美丽的尖晶石,超过3克拉则更加珍稀。

2. 相似鉴别

红色尖晶石与红宝石:红色尖晶石与红宝石十分相似,区别在于红宝石有二色性,颜色不均匀,有丝绢状包裹体。尖晶石是均质体,无二色性,颜色均匀,固态包体为八面体。

蓝色尖晶石与蓝宝石:蓝色、灰蓝色、蓝紫色、绿色尖晶石与蓝宝石容易相混，区别在于蓝宝石二色性明显，色带平直，有丝绢状包裹体和双晶面。两种宝石的密度、折光率、偏光性都不同。

尖晶石与石榴石：尖晶石与石榴石均为均质体，偏光镜下也都有异常消光，但尖晶石的折射率明显低于石榴石，吸收光谱也很不同。此外，尖晶石内部常见单个或成排排列的八面体包裹体，镁铝榴石中多见浑圆状包裹体。

天然尖晶石与人造尖晶石：人造尖晶石的颜色浓艳、均匀，包裹体少，偶尔有弧形生长纹，折光率高。红色人造尖晶石多仿造红宝石的红色，蓝色尖晶石多呈艳蓝色。天然尖晶石还可以根据内部包裹体的特征与人造尖晶石相区别。

3. 优化

尖晶石最大的优势是尖晶石很少被优化处理，目前的优化手段都还不能稳定及改善尖晶石的颜色和净度。

第八章　碧玺　Tourmaline

　　碧玺，英文名 Tourmaline；由古僧伽罗（锡兰）语 Turmali 一词衍生而来，意思为"混合宝石"。碧玺又称为电气石、托玛琳。碧玺的莫氏硬度为 7 ～ 8。

一、碧玺历史

彩虹是一种美丽而神奇的光学现象，人类的远祖虽然常常见到彩虹，但却总也找不到它的起点。于是，不知从什么时候起，人们相传：如果谁能够找到彩虹的起点与落点，就能够找到永恒的幸福和财富。

1500 年，一支葡萄牙勘探队在巴西发现一种宝石。这种宝石居然闪耀着七彩霓光，像是彩虹从天上射向地心，让平凡的石子获取了人世间所有美丽的色彩，晶莹剔透。后来，人们将这种囊括了七彩霓光的宝石称为"碧玺"，并将其誉为"落入人间的彩虹"。

1703 年，在荷兰的阿姆斯特丹，有几个小孩玩着荷兰航海者带回的石头，并且发现这些石头在阳光下会出现奇异的色彩，这些石头就是"碧玺"。更令人惊讶的是，这些石头还有一种能吸引或排斥灰尘、草屑的力量，因此，荷兰人又把它称作"吸灰石"。

1768 年，瑞典著名科学家林内斯发现了碧玺还具有压电性和热电性，这就是"电气石"名称的由来。一直到现在，碧玺还常在科学上被用于测定发光强度与压力变化。在第二次世界大战之初，碧玺是唯一可以判定核爆压力的物质。现在，则被广泛运用于光学产业。

在中国，碧玺这个词，最早出现于清代典籍《石雅》之中："碧亚么之名，中国载籍，未详所自出。"《清会典图》云："妃嫔顶用碧亚么。"《滇海虞衡志》称："碧霞碧，一曰碧霞玭，一曰碧洗；玉纪又做碧霞希。今世人但称碧亚，或作璧碧，然已无问其名之所由来者，惟为异域方言，则无疑耳。"

在之后的历史文献中，也可找到"砒硒""碧玺""碧霞希""碎邪金"等称呼。

在清代，碧玺也被用来制作官员佩戴的朝珠。碧玺也深受慈禧太后的喜爱，在慈禧太后的殉葬品中，有一朵用碧玺雕琢而成的莲花，重量为 36 两 8 钱（约 1840 克），还有用西瓜碧玺做成的枕头，当时的价值为 75 万两白银。

在北京故宫博物院珍宝馆的数百件奇珍异宝中，有一枚硕大的桃红色碧玺带扣。带扣由银累丝托上嵌粉红色碧玺制成，碧玺透明且体积硕大，背后银托上刻有小珠文"万寿无疆""寿命永昌"，旁有"鸿兴""足纹"戳记，中间为细累丝绳纹双"寿"与双"福"，长 5.5 厘米、宽 5.2 厘米，可以说这是清代碧玺中的极品。

至今，恐怕有很多人还没有真正地了解碧玺。碧玺究竟是什么？

所谓碧玺，是中国宝石行业习用的名称，在矿物学中归属电气石族。碧玺属三方晶系，结晶体呈复三方柱状。颜色多种多样，有花红色、洋红色、红色、蓝色、绿色、黄色、褐色以及玄色等，此中以蔚蓝色、花红色为上等。碧玺有玻璃光泽，透明至半透明，具有极强的多色性。

碧玺颜色鲜艳、美丽、多变，自古以来深受许多人喜爱。碧玺属于中档宝石之一。具有宝石级价值的碧玺多产在强烈钠长石化以及锂云母化的微斜长石钠长石伟晶岩的核部。世界 50% ～ 70% 的彩色碧玺，来自巴西米那斯吉拉斯州的伟晶岩中。另外俄罗斯、斯里兰卡、缅甸等国也有产出。我国新疆阿勒泰地区所产的碧玺，晶莹剔透，颜色多样，并有内红外绿的"西瓜碧玺"珍品。

二、碧玺文化

13 世纪，意大利著名的旅行家和商人马可波罗在他的旅行日记中对东方的碧玺进行了记载。据说，威尼斯正是根据马可波罗日记打开了东方的大门，运回了大批东方珍宝，但也带回了鼠疫。

传说从 1575 年起，威尼斯接二连三爆发大规模鼠疫，短短 60 年的时间里，鼠疫带走了三分之一的威尼斯人。鼠疫过后的水城满目疮痍，而一群被圣玛利亚·撒露贴教堂收养的穷孩子竟然奇迹地躲过了灾难，这究竟是为什么？

经过仔细观察，人们注意到这群孩子每天都聚在一起玩一些花花绿绿的小石子，难道是这些石子使孩子们百毒不侵？于是，他们用石子在病人身上做实验，结果证实了正是这些花花绿绿的小石子让孩子躲过了这场可怕的灾难。谁也没想到，水手们带回病毒的同时，也带回了解药——碧玺。

在现代，碧玺被加上了很多传奇的色彩，成为典型的许愿宝石。不管你有什么样的愿望，只要带着碧玺，你的愿望就一定会实现。不同颜色的碧玺，有不同的寓意。

玫瑰碧玺：玫瑰碧玺可唤起人们内在的爱心，并将这爱升华成体恤别人的慈悲。手握玫瑰碧玺观想，通常能使人扫开心中阴霾，得到海阔天空的快乐与幸福，对不善交际或人缘不好的人，则可改善其沟通及自我平衡的能力。

红碧玺：红碧玺代表吉祥、乐观、好运、喜庆之意。红色碧玺能够鼓舞勇气，视觉刺激强，让人觉得活跃、热烈、有朝气、热情奔放、开朗舒爽；能够消除冷漠怪癖，散发个人魅力；能够增强生命力及身体的抵抗力。

紫碧玺：紫碧玺神秘、高贵、优雅，代表着非凡的地位，同时神秘感十足，象征着优美高雅、雍容华贵的气度，散发着帝王般的高贵。

西瓜碧玺：西瓜碧玺集红色和绿色两种色调在同一块宝石上，如同切开的西瓜一样，象征着硕果累累的收获之意。有聚集财富的力量，能开阔人们的心胸、视野，使人冷静，注意力集中，头脑清楚，心情愉悦。

猫眼碧玺：猫眼碧玺如同一颗有着最敏锐的视觉的眼睛，寓意着客观与公正。猫眼碧玺还象征着一种既不汲汲于富贵，也不戚戚于贫贱的慵懒生活心态。

绿碧玺：绿碧玺代表清新、健康、希望，是生命的象征，有安全、平静、舒适之感。绿碧玺可使人冷静、清明，精神集中，头脑清楚，行事妥当，睡觉时安稳成眠。绿色的碧玺因具有干扰的作用，可使肠部的蠕动更畅通。

蓝碧玺：蓝碧玺具有沉静和理智的特性，恰好与红碧玺相对应。蓝碧玺寓意平衡，亦有助于增强表达能力及说服能力。蓝色磁场能平衡脑部神经，使人心境清明，情绪平稳，尤其可加强预知能力与灵通的感应力。

黄碧玺：黄碧玺尊贵、灿烂、辉煌，有着太阳般的光辉，如照亮黑暗的智慧之光，象征着财富和权力。黄碧玺被称为是权力和地位的愿望石。

黑碧玺：黑色碧玺外表黝黑、深沉。可以有效地排除压力、疲劳、浊气，改善身体健康、改善运气。因为"碧玺"与"避邪"谐音，常被人们看作是纳福驱邪的主要宝石。

三、碧玺产地

1. 产地分布

碧玺的主要出产于伟晶岩层和冲积矿床，分布于斯里兰卡、马达加斯加、巴西、安哥拉、澳大利亚、缅甸（多出产红碧玺）、印度、阿富汗、纳米比亚、坦桑尼亚、泰国、俄罗斯（尤其是乌拉山、高加索山地区，多出产紫、红和蓝碧玺）和美国等地。巴西出产红、绿、蓝碧玺，1989 年在巴西帕拉伊巴州产出一种具有特殊的绿蓝至蓝色调并带有霓虹效应的电气石，而得名帕拉伊巴碧玺（Paraiba），其颜色绿带蓝，有如湖水绿，色泽既美丽又特别，因产量稀少，所以价格十分昂贵。莫桑比克出产上等红色和双色碧玺。采集者在意大利厄尔巴岛和瑞士也发现了碧玺。

2. 产地特征

巴西：巴西是全世界最大的宝石生产国，该国的彩色宝石产量占全世界产量的 65% 左右，巴西也占据了巨大的碧玺市场份额。大多数巴西碧玺的颜色中都带有一些褐色色调，降低了碧玺的明艳程度，色彩不够鲜艳。但是巴西碧玺的冰裂少，能产出较大块的纯净碧玺晶体，油润耐看。巴西还出产一种神秘的带电光的帕拉伊巴碧玺，颜色美艳至极，虽然每克拉的售价高达数万美元，但仍旧远远不能满足市场需求。

斯里兰卡：斯里兰卡盛产宝石，闻名于世！斯里兰卡出产的绿碧玺也是碧玺中很有价值的，特别是翠绿色的碧玺，它的价格更是非常高。随着产量的不断降低，它的价格也在不断地攀升。

马达加斯加：马达加斯加位于南印度洋，是世界第四大岛。马达加斯加所产的西瓜碧玺因为红色和绿色界限分明，整体品质很高，而且数量十分稀少，所以价格相对较贵。

中国：中国碧玺的主要特点是品质普遍不高，一般都是中低档次。中国新疆阿勒泰地区的富蕴县可可托海，盛产宝石级碧玺。新疆的碧玺色泽鲜艳，红色，绿色，蓝色，多色碧玺均有产出，晶体较大，品质比较好。

中国的云南福贡、元阳、贡山、保山等地也有多色碧玺出产，但是晶体的裂隙普遍较多，透明度也较差，大部分呈现透明到半透明状。其中呈粉红、玫瑰红、桃红色的碧玺主要产于福贡和元阳等地；绿碧玺，呈绿、翠绿、墨绿、黄绿、蓝绿、草绿、浅绿等色，质地较好，主要产于贡山、福贡、保山等地；蓝色碧玺呈蓝、绿蓝、海蓝等色，主要产于贡山、保山等地。

内蒙古所产的碧玺主要分布于乌拉特中旗角力格太等地，晶体较大且透明度较好的很少见。

阿富汗：阿富汗碧玺，产自阿富汗山区，其特点是颜色相对比较浅，色泽淡雅色泽较亮，油润耐看，收藏价值高。

美国：美国的加利福尼亚州也是碧玺的主要产地之一。美国所开采的岩脉已风化，大量长石变成泥土，没有岩石，所以美国碧玺矿藏的开采方式主要是挖土，比其他产区开采碧玺更加容易。

四、颜色分类

碧玺的成分复杂，颜色也复杂多变。国际珠宝界基本上按颜色对碧玺划分商业品种，颜色越是浓艳，宝石价值越高。

蓝色碧玺： 浅蓝色至深蓝色碧玺的总称。蓝色碧玺由于较为罕见，现已成为碧玺中价值最高的色种。蓝色碧玺在俄罗斯、巴西、马达加斯加和美国均有产出。

红色碧玺： 粉红至红色碧玺的总称。红色碧玺以紫红色和玫瑰红色为最佳，在中国有"孩儿面"的叫法。但自然界以棕褐、褐红、深红色等产出的较多，色调变化较大。同时，碧玺的密度会随颜色而变化，深红色的密度大于粉红色的。

棕色碧玺： 颜色较深，富含镁元素。棕色碧玺多产自斯里兰卡、巴西和澳大利亚等地。

无色碧玺： 无色碧玺十分稀有，仅在马达加斯加和美国加利福尼亚有少量产出。需要注意的是，市场上有一些无色碧玺是由粉红色碧玺加热淡化后制成的。

绿色碧玺： 绿色和黄色碧玺是碧玺颜色变种中最普遍的，因此价值也逊于蓝色及红色碧玺。绿色碧玺多产于巴西、坦桑尼亚和纳米比亚，而黄色碧玺则分布在斯里兰卡。

多色碧玺： 由于碧玺色带十分发育，常在一个晶体上出现红色、绿色的二色色带或三色色带。常见的有红绿相间的宝石，普遍称之为"西瓜碧玺"，深受收藏家和消费者的喜爱。

五、碧玺价值

1. 价值评价

从 2004 年开始，碧玺普及度逐渐提高，一跃成为中档宝石中最受欢迎的品种之一。

导致碧玺价值提升的原因主要有：

第一，良好前途。碧玺是开采量非常稀少的一种矿石，其中一些特别色调的碧玺比钻石的价值还要高出几倍，很多人从这里看到了商机。

第二，多彩生活。碧玺是一种美丽多彩的宝石，有着"彩虹仙子"的美称，与今天多彩的生活互相映衬，更好地展示了人们对美的需求，给人们提供了更多的搭配抉择。

第三，带来健康。碧玺对于人体的新陈代谢及内分泌腺体活动有一定作用，可均衡内部气场。同时还具备理疗作用：生物电作用、负离子作用、释放远红外线作用等。

第四，带来爱情。红碧玺，又称爱情石，能增加异性情缘；还能使人快乐愉悦，消融冷漠情感，增强人与人之间的亲和力。

第五，带来财富。绿碧玺，又称财富石，绿碧玺的颜色是大自然的色彩，会让人有一种开心喜悦及崇尚自在的感觉，并且可以拓展人们的胸怀与视野。

第六，避邪镇宅。黑碧玺，又称避邪石，因为黑色碧玺矿石通身不透明，有着辟邪镇宅的作用，所以常作为装潢物放在家中或是做成手链戴在手腕上。

2. 贵重碧玺与价值

帕拉伊巴碧玺：莫氏硬度是 7 ~ 7.5，颜色主要表现为绿色至蓝色。绿色品种深至近祖母绿色，亮蓝色品种更为稀有，而最纯正的品种会显示出非常独特的"霓虹蓝"或"霓虹蓝绿"。帕拉伊巴碧玺与蓝碧玺最大的区别在于：其蓝绿色调来自它含有的高浓度铜元素。我们知道，极微量的铁、锰、铬、钒等元素造就了碧玺美丽多变的颜色，但帕拉伊巴碧玺则不同，铜元素才是使其与众不同的根本原因。

帕拉伊巴碧玺于 1989 年在巴西东北角大西洋岸帕拉伊巴州被发现。在 2001 年和 2005 年，人们在非洲的尼日利亚和莫桑比克两地又分别发现了这种碧玺。现在，这种碧玺产量极少，大颗粒的非常罕见，稀少程度远胜于钻石。

因其有着极为特别的霓虹色彩，所以被尊为碧玺之王。在近年的拍卖中，极品帕拉伊巴碧玺的拍卖价格甚至超过了钻石首饰。（图 8-1）

图 8-1 帕拉伊巴碧玺项链

红宝碧玺：红宝碧玺英文名 Rubellite，红宝碧玺的色调是粉红色至红色，由锰元素致色，双向色均为暖色，色彩纯正、艳丽且极为稳定。红宝碧玺与普通红碧玺的区别主要有两点：①是否带棕色调。红宝碧玺的颜色不会受光源的影响，然而普通红碧玺在人工光源下或多或少会显现出明显的棕色调。②红宝碧玺的包裹体呈针状，一条一条顺一个方向排列，而普通碧玺的包裹体则是一般的晶体裂纹、脏点等非针状的排列。

红宝碧玺的产量极其稀少，并且要经过严格的品质评定。净度和颜色是影响红宝碧玺价格的主要因素。红宝碧玺的包裹体会大大影响其价格，所以 1 克拉的红宝碧玺价格会在几百到几千元之间浮动。由于产量稀少，所以真正晶体干净、颜色鲜艳的红宝碧玺十分少见。红宝碧玺颜色越红越纯、重量越重，价值也就越高，越接近红宝石颜色的红宝碧玺价值也就越高。（图 8-2）

铬碧玺：是碧玺中非常独特的品种，硬度是 7 ～ 8，目前仅发现于坦桑尼亚。好的铬碧玺在视觉上是纯森林绿色，透着微微的黄色到蓝色色调。在白炽灯下才能看到蓝色调，在日光下明显可见黄色调。铬碧玺呈现绿色与其内部的微量元素有关。铬碧玺内部含有少量的铬或钒元素，因其翠绿色接近祖母绿的绿色而知名，但铬碧玺的绿色饱和度无法与祖母绿媲美。

高质量的铬碧玺通常颗粒都比较小，原因是绿色的饱和度太高，大颗粒的铬碧玺会偏暗，出现一个暗黑色的基调，而较小的颗粒可以保持生动活泼的色彩。

图 8-2 红宝碧玺

铬碧玺的绿色越纯正越好，带有其他的辅色调越多价值越低，但往往蓝色辅色调比黄色辅色调更受欢迎。铬碧玺的净度评价体现在肉眼能否看到瑕疵，有些能达到肉眼无瑕级。（图 8-3）

铬碧玺总体上产量比较少，市场上的绝大多数铬碧玺颗粒在 1 ～ 3 克拉，少数到达 5 克拉，颜色较深，但净度往往较高，大于 10 克拉的适合收藏投资。

西瓜碧玺： 西瓜碧玺是碧玺中非常稀有的一个品种，它内红外绿，因酷似西瓜而得名。一般认为只要颜色组合为红绿二色的碧玺皆可称为西瓜碧玺。最好的西瓜碧玺有如一刀切开两半的西瓜，周边是一圈绿皮，中间是红瓤。西瓜碧玺原矿要求纵轴轴心是红色，而轴心外沿是绿色。（图 8-4）

西瓜碧玺首要的要求就是色正，颜色比例明显，即绿不偏黄色、红不偏棕色，红绿色分界明显，红色优美，绿色显眼。其次是看净度，晶体通透无瑕，无明显的冰裂纹和其他杂质。而能够达到这种级别的西瓜碧玺数量稀少，高净度的大颗粒西瓜碧玺更是罕见。

西瓜碧玺的价格根据成色的不同，波动幅度较大，1 克拉从 500 元到 5000元不等。挑选西瓜碧玺不要迷信对绿皮红瓤的见解，而要综合思量碧玺的颜色、晶体质地等因素，才能选到高价值的西瓜碧玺。

阿富汗碧玺： 阿富汗碧玺有一个很明显的特征，就是颜色较浅，色彩鲜亮，给人以甜美、清新的感觉。颜色主要有浅粉色、浅绿色、无色等。阿富汗碧玺

图 8-3 铬碧玺戒指

图 8-4 西瓜碧玺

的主要缺点是：冰裂多、棉絮多。大颗粒纯净的阿富汗碧玺产出非常少，因此，大颗粒纯净、无烧的阿富汗碧玺比较珍贵。（图 8-5）

阿富汗碧玺的开采量远远比不上巴西碧玺，这也造成了阿富汗碧玺在市场上的普及程度远不如巴西碧玺。但是阿富汗碧玺的娇艳、美丽却让人难以忘怀。也正是因为它的美丽，在市场上出现了大量的阿富汗碧玺的假冒品。

碧玺猫眼：碧玺猫眼产量较少，具有收藏价值。一般在红碧玺和绿碧玺中会产出猫眼效应碧玺。碧玺的猫眼效果同样是因为碧玺内部生长有一定密度的平行的管状包裹体，在点光源照射下，垂直于平行包裹体的方向就会出现一条猫眼亮线。

3. 收藏价值

我们知道，碧玺的装饰功能是其主要的价值所在。但随着碧玺在珠宝市场上的热卖，价格不断攀升，原有的装饰功能正在弱化，投资理财的功能却在增强。目前，购买高档碧玺的消费者，主要是为了投资理财，以求资产的保值与增值。

多年以来，碧玺在中国台湾一直受到大众消费者的追捧，其中一个重要的原因就是价格优势。据相关消息，2008 年，10 克拉大小的优品红碧玺，每克拉也就约 110 元到 330 元人民币。同比，中国大陆碧玺的价格与中国台湾相比，基本上相当或更低。自 2009 年起，随着中国大陆商家的热炒，碧玺的价格开始大幅地上涨，短短四五年的时间，高、中档碧玺的价格翻了几十倍，特别是优质红宝碧玺的价格翻了近百倍。

六、碧玺鉴赏

1. 鉴赏标准

与所有的彩色宝石一样，碧玺的鉴赏标准主要包括以下几个方面：

颜色：碧玺的颜色虽然有多种，但在各种颜色的碧玺中，都以艳丽均匀

图 8-5 阿富汗碧玺

的为最佳。就帕拉伊巴碧玺而言，无论是蓝色还是绿色的，都必须具有霓虹的、强荧光的色彩，价值才高，颜色越浅，价值越低。红宝碧玺的颜色越接近鸽血红的颜色，价值越高，颜色过深或者过浅的价值都不高。西瓜碧玺的颜色则是要求红绿色双色分布界线清晰。

净度：碧玺性质比较脆，容易产生裂隙，同时内部因含有大量包裹体，会影响碧玺的透明度、颜色和火彩，所以内部纯净的碧玺比较难得，属于上品。

透明度：碧玺要求晶莹剔透，不要有明显雾感或不透明，越透明质量越好，透明度越高价值越高。

切工：是指切磨比率的精确性和修饰完工后的完美性。要根据原石的解理、品质、重量，最大限度地保持原石的重量，以最好的状态来解剖原石结构；而且要保证碧玺切割后色彩的还原，以呈现出最漂亮的颜色；再用最优方法去处理原石瑕疵，从而设计出最佳的碧玺形状。

重量：碧玺的重量以克拉计算。在其他条件近似的情况下，随着碧玺重量的增大，其价值呈几倍增长；重量相同的碧玺，价值会因色泽、净度、切工的不同而相差甚远。

2. 真假鉴别

鉴别碧玺的真假可从以下几个方面进行：

天然碧玺特征： 天然碧玺具有热电性，表层温度升高后，就会产生电离子。这些电离子可以吸附周围的灰尘、头发、纸屑等。所以取一块碧玺用棉布来回摩擦数分钟，然后去接触灰尘、头发、纸屑等，如果能吸住，则说明有热电性。

天然碧玺内部大都含有比较多的包裹体，其包裹体有两种：一种是气液包体，一种是针状包体。碧玺还具有明显的多色性，从不同的面上去观察，天然碧玺会有不同的颜色变化，但是不会出现紫色。

材质： 天然碧玺在生长过程中难免会形成各种痕迹，如包裹体、裂纹等，通透性好的碧玺，其价格也相应地会比较高。但如果遇到无杂质、无冰裂的碧玺，价格又较便宜，就有可能是假货。

染色： 以玻璃仿冒碧玺有两种方式：直接染色和爆花晶染色。直接染色的碧玺，其颜色过于均匀鲜艳，显得不自然，容易辨别。而爆花晶染色，则在裂隙处有染料聚集，与裂隙处附近的颜色差别很大。

3. 相似鉴别

水晶和碧玺： 两者的化学成分不同，碧玺是一种复杂的硅酸盐，水晶是一种无色透明的大型石英结晶体矿物。水晶的主要化学成分是二氧化硅，当二氧化硅完美结晶时就是水晶；二氧化硅胶化脱水后就是玛瑙；二氧化硅含水的胶体凝固后就成为蛋白石；二氧化硅晶粒小于几微米时，就组成玉髓、燧石、次生石英岩。

萤石和碧玺： 主要观察它们的硬度。碧玺的莫氏硬度是 7.5，萤石的莫氏硬度是 4，两者可以通过划玻璃法来比较硬度，萤石不会在玻璃上留下划痕。

玻璃与碧玺： 主要观察内部的包裹体。玻璃中常常有小圆形的明显气泡，碧玺的包裹体则不是这样。

4. 碧玺优化

碧玺的优化处理是指通过一些物理或化学方法来改善碧玺的透明度、颜色等，从而起到提升碧玺质量的目的。一般有以下几种优化理方式。

热处理优化：是一种最常见的优化处理方式，鉴定证书上对热处理不作标注。碧玺的热处理方式主要是改变碧玺内部致色元素的比例，使其内部的锰离子或者铁离子的含量发生变化，从而达到颜色的改变。经过热处理的碧玺颜色十分稳定。

充填优化：碧玺虽然硬度较高，但很脆，加工很难，为提高成品率、降低成本，常在切割前充填注胶。这种充填优化，主要用在一些质地比较粗松的碧玺雕刻件上。这类碧玺因其内部冰裂纹多、通透性差、质地比较粗糙，所以通过注胶可以提高它的通透度，遮掩一些裂纹和杂质。

辐照处理：辐照法是利用高能粒子或射线的作用，改变晶体中某些离子的电子结构，在晶体中形成点缺陷，从而产生色心，引起颜色的变化。这种优化处理多用在阿富汗地区出产的碧玺上，粉红色的碧玺经过辐射后能变成深红色。

染色处理：染色处理一般用于低档的碧玺手串等，一般是把无色或浅色的碧玺染成深色的红绿碧玺。这种处理方式，在裂隙中会有染色剂沉淀，用肉眼或放大镜就可辨别。

镀膜处理：镀膜处理是将无色或近无色的碧玺，经镀膜形成各种鲜艳的颜色。镀膜后，光泽增强，可达到亚金刚光泽，表面可以看到晕彩效应。镀膜的碧玺用仪器很容易检测出。

扩散处理：扩散处理是最新的一种优化处理方式，一般多用于蓝色碧玺，是将其浅蓝色的表面扩散成深蓝色。这种优化方式也比较容易看出，因为碧玺受热不均匀时会产生炸裂，所以把处理过的碧玺放在水中观察可以看到边缘的颜色比中间的深。

第九章　石榴石　Garnet

石榴石，英文名 Garnet，由拉丁文 Granatum 演变而来，意思是"像种子一样"。根据英文音译，中国人也称之为"加内石"。别名还有紫牙乌、子牙乌、石榴子石等。石榴石的莫氏硬度为 6.5 ～ 7.5。常见的石榴石为红色，但其颜色的种类十分丰富，足以涵盖整个光谱的颜色。世界上许多国家把石榴石定为一月诞生石，象征忠实、友爱和贞操。（图 9-1）

图 9-1 石榴石

一、石榴石历史

石榴石，形象地刻画出这个矿物的外观特征，从形状到颜色都像石榴果中的"籽"。相传，石榴树来自安息国，史称"安息榴"，简称"息榴"，并转音为"石榴"。

在我国珠宝界，石榴石的工艺名为"紫牙乌"。"牙乌（雅姑）"源自阿拉伯语 Yakut（红宝石），又因石榴石常呈紫红色，故名紫牙乌。

其实，石榴石在基督诞生几千年前就为人们所知，《圣经》中称石榴石为红宝石和红玉石。"红玉"也来自拉丁字 Carbuncle，意思是"不怎么闪光"，在古罗马时代，伟大的科学家、博物学家普林尼对所有闪亮、红色的宝石，都用这个词。今天，这个词仅限于用在切磨成形的圆戒面的红色石榴石上。

石榴石化学组合较为复杂，不同元素构成不同的组合，形成类质同象的系列石榴石族。常见的有含铬和铁元素而呈血红、紫红和褐红等色的镁铝榴石；呈紫红色、包体发育的晶体，可琢磨出四射星光的铁铝榴石；呈淡玫瑰到紫红色的镁铁榴石；称为上品的绿色品种，含微量钒和铬离子的钙铝榴石。另外还有橙色和褐红色的钙铝榴石（桂榴石）和绿色、浅粉红色的钙铝榴石变种（水钙铝榴石）。绿色水钙铝榴石与翡翠相似。还有蜜蜡黄、黄褐色的锰铝榴石。钙铁榴石呈翠绿色者为极佳品，这是含微量铬的原因引起的。绿色钙铁榴石又有"翠榴石"之称，晶体一般不大，大于 4 克拉的优质翠榴石罕见。钙铁榴石还有黄至绿色的黄榴石和黑色的黑榴石。钙铬榴石呈鲜艳的祖母绿色，也是与铬离子含量有关，但其颗粒太小，难以做宝石饰品。石榴石为等轴晶系，常为菱形十二面体和四角三八面体的单形或聚形晶体。

石榴石的产地几乎遍及全球，德国是出产石榴石最多的国家。中国地质博物馆中藏有一颗产于新疆的橙红色锰铝榴石大晶体，重达 1397 克拉。

二、石榴石文化

数千年来，石榴石一直被认为是信仰、坚贞和爱情的象征宝石。

古时候的人把太阳当成神来崇拜，而受到阳光照射即会闪闪发光的宝石，就被视为与太阳一样的神秘。所以，一提到石榴石，人们就会联想到火，相信它具有照亮黑夜的能力。在穆斯林宗教里，人们相信石榴石能够照亮天堂。

古代的挪威人和斯堪的纳维亚人总是拿石榴石陪葬，他们相信此石会照亮他们走向瓦尔哈纳殿的道路。阿比西尼亚君王的宫殿上，也布满了石榴石。

在中世纪时，人们普遍相信石榴石有消灾避难、增强人的生命力、忠诚等神秘力量，所以广为骑士们所用。十字军战士们把石榴石镶嵌在自己的盔甲上，相信宝石的力量会保佑他们平安无事。

从阿比西尼亚的王妃到法国的玛丽皇后，再到安托瓦内特皇后（路易十六皇后），无不在她们的衣领上缀满石榴石，因为自古以来人们一直把它作为女性美丽的象征。

在欧洲的波希米亚石榴石博物馆里，有一块沉睡了几百年的红色石榴石，它静静地向每一位参观者讲述着一个美丽动人的爱情故事。

这块石榴石的主人是乌露丽叶，她是欧洲最伟大的诗人歌德的爱人。19岁时，美丽纯真的乌露丽叶对歌德一见钟情。由于两人年龄差距太大，他们的爱情受到了家族的强烈反对。但是，这个倔强的姑娘对歌德炽热的爱，就像家里的那块石榴石一样。每次和歌德约会，她都要戴上那块石榴石，因为她深信石榴石能传递恋人之间爱的信息。她要让石榴石见证自己忠贞不渝的爱情。心诚则灵，石榴石真的把乌露丽叶近乎疯狂的爱传递给了歌德，歌德的心灵也深深地被乌露丽叶跨越年龄的爱打动了，因而一部伟大的传世诗篇《玛丽茵巴托的悲歌》由此诞生。

古往今来，石榴石不仅是坚贞爱情的象征，人们也相信它有治病救人的功效，甚至有人认为黄色石榴石是治疗黄疸病的良药。出门旅行的人若有石榴石相伴，便可保旅途平安，免受惊险。

石榴石可以加强人本身的活力和亲和力，长期佩戴，会减少人的自卑心理，使人更加自信；可以让人拥有难以抗拒的魅力，招来幸福和快乐的生活与事业的成功；可以对抗忧郁的心情，帮助人面对过去的创伤记忆，用另一个角度去诠释理解，达到平静喜悦的境地；可以在人思考时提供灵感，使人思维敏捷；还可以避邪化煞，可作为不受外力侵犯的护身石。

石榴石具有很强的保健作用，能加强人的生命力、活力与耐力，还有美容、养颜、返老还童之功效，能给予人充分体力来完成各种活动，能加强个人执行力，还能加强一个人的磁场，使之形成一个完好的防护罩，防止各种负面能量的接近与侵害。

三、石榴石产地

1. 产地分布

镁铝榴石主要产在超基性岩及其残坡积砂矿中，大颗粒的宝石级镁铝榴石十分罕见，俄罗斯、挪威、捷克和中国均有产出。

中国的石榴石砂产地以内蒙古、江苏连云港、山东日照最有代表性。内蒙古石榴石砂硬度大，但是主要为风洗，灰尘含量比较大，影响切割速度。江苏连云港石榴石砂一直是国内石榴石砂的主要产地，颜色鲜艳，硬度一般。山东日照石榴石砂为深层矿，颜色深红偏黑，硬度大，供货量大，质量稳定，海运、陆运均比较便利，是未来几年中国石榴石砂的主要产地。

2. 品种分类

镁铁榴石：主要产自美国和坦桑尼亚等国。

铁铝榴石：生成于云母片岩和角闪片麻岩等变质岩及砂矿之中，产地有斯里兰卡、巴西、马达加斯加、印度等国。

钙铝榴石: 是矽卡岩的产物, 但在蛇纹岩和辉长岩的蚀变带上也有发现, 产地有肯尼亚、巴基斯坦、俄罗斯和中国等。

锰铝榴石: 产在伟晶岩中, 一些变质岩中也有出现, 宝石级锰铝榴石产自缅甸、斯里兰卡、巴西等国。

钙铁榴石: 是片岩和变质灰岩带的产物, 呈褐色和绿色, 翠榴石和黄榴石产在蛇纹岩中, 黑榴石产在富碱性火成岩中, 在俄罗斯和刚果均有产出。

钙铬榴石: 是气成热水溶液与含钙超基性岩作用的产物, 俄罗斯和美国均有发现。

四、石榴石价值

1. 价值评价

石榴石是中低档宝石之一, 但是其中绿色的沙弗莱石和翠榴石属于名贵品种。颜色浓艳、纯正, 透明度高的品种属于佳品。石榴石的折光率高, 光泽强, 颜色美丽多样, 是人们喜爱的宝石品种。

西方人认为石榴石具有治病救人的神奇功效; 在中东, 石榴石被选做王室信物。

美国国家自然历史博物馆珍藏着一颗世界上最好的褐黄色透明肉桂石(铁钙铝榴石), 它被雕刻成精美的基督头像, 重61.5克拉, 堪称无价之宝。

石榴石一般以红色为主, 寓意幸福。颜色以浅为好, 颜色越浅价值就越高。石榴石美丽的外表受人喜爱, 有观赏价值。它还能带给人们正能量, 增强人的自信, 带给人们强大的保护作用。这些神奇的功效也让石榴石的价值有所上升。

2. 贵重石榴石与价值

沙弗莱石(Tsavorite): 化学名称为铬钒钙铝榴石, 因含有微量的铬和钒元素，颜色娇艳翠绿，赏心悦目（图 9-2）。沙弗莱石产自肯尼亚的沙弗国家公园，在 20 世纪 60 年代末被地质学家坎贝尔·布里奇斯发现。1967 年，他将宝石带到纽约。20 世纪 70 年代早期，美国珠宝商蒂芙尼将这款宝石命名为"沙弗莱石"，并推向全世界。沙弗莱石主要产自加拿大、斯里兰卡、巴基斯坦、俄罗斯、坦桑尼亚、南非和美国。

沙弗莱石是丰富多彩的石榴石家族中钙铝榴石的一员。决定沙弗莱石价值的最重要因素是颜色，绿色中偏蓝色的接近祖母绿色的少之又少，因此价值最高；如果绿色泛黄，价值就会略低；而颜色太深变成暗绿色，价值也会降低。

沙弗莱石的结晶颗粒普遍不大，在珠宝原石交易中只有 2.5% 左右超过 2 克拉，超过 5 克拉的几乎很少见，而市场上 85% 的成品沙弗莱石都在 1 克拉以下，因此，超过 2 克拉的成品沙弗莱裸石也相当珍贵稀有。

沙弗莱石的杂质非常少，一般肉眼可见的内部杂质和裂隙都比较少，所以沙弗莱石的净度对价格影响不是太大，当然还是越纯净价值越高。

沙弗莱石出现在岩石裂缝中，而岩石裂缝经常会在开采的过程中突然消失，所以沙弗莱石的开采难度非常大，既要非常熟知地质结构又要开采动作迅速，才能获得美丽的绿色宝石。

沙弗莱石具有极高的折射率，可以泛出强烈的火彩，且内部极少有杂质、

图 9-2 沙弗莱石

裂隙；高饱和度的浓艳色彩和高亮度、高纯净度使沙弗莱石成为宝石界中拥有独特魅力的珍贵宝石之一。

目前市场上还没有出现沙弗莱石的优化手段，所以，它成了除祖母绿以外在全球市场中最受欢迎的绿色宝石。2008 年苏富比拍卖以 80 万港元成交了一枚 10.30 克拉的沙弗莱石戒指；2009 年 5 月一枚梨形的沙弗莱吊坠以 170500 瑞士法郎成交。

翠榴石： 被誉为人类发现的最闪耀的宝石之一。翠榴石色泽很好，青翠中稍带闪黄，硬度为 6.5 ～ 7。翠榴石的色散率是 0.057，而钻石的色散率是 0.044，从色散的角度，翠榴石的火彩比钻石的更加璀璨，因此有人称它为世界上最为闪耀的宝石。（图 9-3）

高品质并且净度较好的克拉级翠榴石产地主要在马达加斯加和中西非。意大利、刚果、朝鲜、中国的新疆准噶尔盆地等地都发现了翠榴石，但是产量很少。

出产自俄罗斯乌拉尔山脉的翠榴石有一个重要标志：其内部的包裹体特征是束状的丝和发散的线状，看起来极像马的尾巴，因而被形象地称为马尾纹。

翠榴石的产量稀少，大颗粒的更加稀有，一般都在 0.5 ～ 1.0 克拉之间，超出 1 克拉且质量上乘的实属稀有，达到 2 克拉以上的就极为名贵。所以高品质的翠榴石在市场上很难见到，基本上都成了宝石收藏家的收藏品。

3. 收藏价值

近几年，石榴石的投资价值随着市场的发展而日见增长。人们都纷纷抢占那些优质的石榴石，无形中抬高了石榴石的价格，在这样的情况下，天然石榴石就显得尤其珍贵。石榴石不断被开采，优质的石榴石产量越来越少，这样石榴石的价格会逐渐增高，石榴石的价值也将得到最大化的体现。

宝石级石榴石的标准要求是：透明度好，颜色鲜艳，粒径大于 5 毫米。纯净无瑕，颜色鲜艳，晶莹剔透的石榴石价值相对较高。质优的沙弗莱石和翠榴

图 9-3 翠榴石

石可与祖母绿相比。橙红色石榴石也很宝贵。通透、无瑕疵、颗粒大的也具有收藏价值。

紫牙乌，就是石榴石，颜色浓艳、纯正，晶体通透。紫牙乌颜色一般指紫红色，是红色系的石榴石中最好的品种，比玫红色的石榴石价格要高。通常巴西的紫牙乌最好。

五、石榴石鉴赏

1. 鉴赏标准

石榴石的鉴赏标准主要包括以下几个方面：

品种：石榴石有许多品种，由于稀有性的差异，不同品种间价格的差别比较大，因而品种的稀有性是影响石榴石质量与价值的重要因素。

颜色：石榴石常见有两种颜色。一是较为普遍的红色、紫红或深暗红色，包括镁铝榴石、铁铝榴石和少数锰铝榴石，这类石榴石价格相对比较便宜。二是十分美丽的绿色，主要是翠榴石和沙弗莱石（铬钒钙铝榴石）。翠榴石一直是很受人喜爱的高档宝石，其价值可与优质蓝宝石相媲美。优质的翠榴石的价格可接近甚至超过同样颜色的祖母绿的价格。绿色的沙弗莱石价格更是一路飙升，高品级的沙弗莱价格有超蓝宝石的趋势。橙色的锰铝榴石、红色的镁铝榴石、暗红色的铁铝榴石，其价格依次递减。

透明度：石榴石的透明度越好，质量等级越高。含有包裹体的石榴石会降低宝石的透明度，从而影响到宝石的质量。

切工：石榴石的切工类型包括刻面型和弧面型两类。透明度好的石榴石一般都切磨成刻面型，而透明度差、裂隙多的石榴石一般切磨成弧面型，可以出现"四射星光"和"六射星光"的石榴石则例外。比例及对称性琢形的轮廓应符合标准要求，切工比例合适可以显示非常明显的"出彩"现象。因此，切工的比例是评定石榴石质量的重要因素之一。抛光的优劣，会影响宝石的光泽，因此对切工的评价，还必须考虑抛光程度这一因素。

重量： 在同等质量条件下，重量越大，其价值也就越高。

冰裂： 大部分石榴石是有冰裂的，有冰裂的石榴石价值都会大打折扣，冰裂越多，价值越低，无裂的价值最高。

2. 相似鉴别

与红色石榴石相似的宝石有：红宝石、红色尖晶石、红色碧玺、红色锆石等。

红宝石和红色石榴石： 红宝石具有双折射率和二色性，而红色石榴石不具有双折射率和无多色性。用放大观察时，红宝石内气液包体和固态包体丰富，而石榴石内部相对洁净但易出现冰裂状纹理。

红色尖晶石和红色石榴石： 在长波紫光下测试，红色尖晶石有由弱至强的红色、橙色荧光反应，在短波紫光下测试，红色尖晶石有由无至弱的红色、橙色荧光反应，而石榴石表现为惰性无荧光。用放大观察时，尖晶石具有串珠状排列的八面体负晶，区别于红色石榴石内部纹理。

红色碧玺和红色石榴石： 红色碧玺具有更明显的多色性，在合适方向观察刻面红色碧玺可见后刻面棱重影，而红色石榴石不会出现这种现象。

红色锆石和红色石榴石： 红色锆石比红色石榴石的密度大，所以同样大小的锆石比石榴石要重很多。红色锆石一般都是鲜艳的正红色，石榴石的颜色相对较暗，只有紫红、酒红、玫红、黑红。红色锆石还具强烈的双影。

与绿色石榴石相似的宝石有：祖母绿、绿碧玺、铬透辉石、绿锆石等。

祖母绿和绿色石榴石： 用放大镜观察时，祖母绿中常出现三相或两相包体，而绿色石榴石中常见的是固体包体或负晶，翠榴石具有马尾状的纤维包裹体。绿色石榴石表面光泽强于祖母绿。祖母绿具有中等的多色性，利用二色镜观察祖母绿多呈现蓝绿到黄绿的多色性。绿色石榴石不具有多色性。

绿色碧玺和绿色石榴石：绿色碧玺具有极强的多色性，从不同方向观察碧玺，可见颜色深浅的变化，在合适的方向可见后刻面棱线重影。绿色碧玺内部往往很干净或有气液包体，而绿色石榴石无多色性，内部相对干净。

铬透辉石和绿色石榴石：含少量 Cr（铬）的绿色透辉石称为铬透辉石。透辉石一般是透明至半透明，做成刻面宝石后呈玻璃光泽，硬度为 5.5 ～ 6.5，比绿色石榴石的硬度略低。铬透辉石具有双折射率，绿色石榴石无双折射率。在放大镜下观察绿色石榴石有短柱或浑圆状晶体包体、热浪效应，扩大观察铬透辉石可见双镜像，晶体包体。

绿锆石和绿色石榴石：最有效的方法就是通过重量来区别，由于锆石的密度大于石榴石，同样大小的绿锆石比绿色石榴石要重许多。

与黄色石榴石相似的宝石有：金绿宝石、黄色蓝宝石、黄色水晶、黄色托帕石、黄色锆石。

金绿宝石和黄色石榴石：金绿宝石二色性明显，而石榴石不具二色性。金绿宝石在短波紫外光下，产生绿黄色荧光，而石榴石没有荧光。

黄色蓝宝石和黄色石榴石：黄色蓝宝石具有双折射率，斯里兰卡产的一些黄色蓝宝石可具杏黄色或橙黄色荧光，二色性明显。黄色石榴石，单折射率，无多色性，也不具有荧光。

黄色水晶和黄色石榴石：黄色水晶密度低，同样大小的黄色水晶比黄色石榴石轻。黄色水晶具有双折射率，有别于黄色石榴石。石榴石比较细腻，表面手感很滑，摸起来有很舒服的油感，而黄色水晶摸起来有凉感。

黄色托帕石和黄色石榴石：黄色托帕石具有双折射率有别于黄色石榴石。托帕石的晶体比较通透，所含杂质比较少且托帕石是垂直生长的，它的冰裂和棉絮也大都呈直线状。黄色石榴石内部一般会呈现短柱或浑圆状晶体包体。

黄色锆石和黄色石榴石：通过重量和双折射率就能区别。

3. 真假鉴别

石榴石的仿品很少，所以很容易分别：

色彩特别艳丽、通透，价钱又很诱人的，往往是假货。

表面轻易就能发现黑点、冰裂现象的，往往是假货。

天然石榴石的光泽很强，看上去有金属感，强光下有朦胧感，这一点在圆珠上的体现尤为明显。

4. 石榴石与碧玺的区别

物理特性：石榴石属于硅酸盐矿物质，颜色因品种不同而不同。最常见的是镁铝榴石，多呈血红、紫红和褐红色，其次是铁铝榴石和镁铁榴石多呈紫红色和淡玫瑰色，还有比较稀少的钙铝榴石呈绿色。

碧玺属于电气石，颜色也有很多种，与石榴石不同的是，它会呈现多色性。它的硬度和石榴石差不多。同样规格下，石榴石会稍稍偏重一点。

如果你随身带了放大镜，用放大镜检查就可以发现碧玺晶体内有气液包体、不规则管状包体和平行线状包体，而这些是石榴石不具备的。

光泽：碧玺内部有很多包裹结晶，从外面看，晶体里会折射出很多漂亮的小亮点，表面会呈现玻璃光泽，有少数会呈现猫眼现象。而石榴石颜色比较均匀厚实，内部结晶也比较稳定。从表面看，石榴石的色彩偏暗，不像碧玺那样有灵气，光泽度没有碧玺好。

吸附性：碧玺和其他宝石最大的区别在于它的热电性，在摩擦受热之后，碧玺会产生较强的吸附性，可以吸附纸屑和毛发，而石榴石没有这种特性。

第十章　托帕石　Topaz

托帕石，英文名为 Topaz，别名有黄玉、黄晶等。名称来源有两种说法：一是由希腊文 Topazios（有"难寻"之意）演变而来，二是由梵文 Topas（意即"火"）衍生而来。托帕石的莫氏硬度为8。古希腊人认为托帕石是"有强大神奇力量的宝石"。托帕石既是十一月的生辰石，也是结婚 23 周年的纪念石。它象征着和平和友爱，被誉为"友谊之石"。托帕石价值最高的颜色是黄色，因此黄色托帕石又被誉为"帝王之石"。（图 10-1）

图 10-1 时光轨迹托帕石手镯

一、托帕石历史

托帕石的名字具有神秘的异域风情，关于它的起源传说也非常引人遐想。

相传，一位埃及王妃企图刺杀高高在上的法老，行动败露后被流放到红海的一个小岛——Topazs。这个小岛终年被迷雾所笼罩，上岛的人要历经千辛万苦才能到达。王妃来到小岛后，用她的善良和正义打动了岛上的居民，年迈的岛主认定她是神派来的使者，于是就将一颗闪耀着太阳般金色光华的宝石赠予她，此石因而得名托帕石。

在历史上，托帕石曾是一种很难寻觅的宝石，就像那个常常被大雾迷漫、几乎难以找到的小岛一样。不仅如此，托帕石还很容易与其他宝石混淆。如在葡萄牙王室珠宝中，有一颗重 1680 克拉的宝石，名为"布拉干萨钻石"。但是，经过权威专家鉴定，它居然是一块透明的、没有杂质的托帕石。

在相当长的一段时间里，人们普遍地认为托帕石全是黄色的，珠宝界也长期习惯性地将托帕石称为"黄玉"或"黄晶"。事实上，纯正的托帕石是无色的；有色的托帕石包括蓝色、浅绿色，以及从黄色到常见的雪梨橙黄色、粉红色光谱中的所有颜色，甚至还有极为罕见的红色。

我国古典名著《吕氏春秋》中就有"夏季服黄玉"的说法。

明朝著名科学家宋应星的《天工开物》中提到的"木难""酒黄"，所指的就是托帕石。

价值最高的托帕石要属黄色，又被称为帝王黄玉宝石，也叫"帝王之石"。

相传古希腊国王曾把一颗重 168 克拉的黄玉当作钻石镶嵌在自己的皇冠上，显赫一时。

在古埃及和罗马文献中都曾有过托帕石的记载，但直到中世纪，托帕石的名声还不太大，只是偶为皇室或教会所用。

3 世纪时，在欧洲的一些文献中就已经记载着刻有猎鹰图案的托帕石能够帮助佩戴者培养亲善的感情。

11 世纪时，欧洲人就已认为托帕石能够治疗眼疾，将托帕石放在葡萄酒中浸泡三天三夜，然后再用它来按摩有病的眼睛，不仅可以治疗一般的眼疾，而且对弱视也有很好的疗效。

18 世纪，托帕石声名鹊起，开始在欧洲流行，自此开始不断出现在王室珠宝库中。

19 世纪初叶，法国和英国风行由托帕石和紫晶制成的项链、耳环等首饰。维多利亚时代，托帕石仍是最受欢迎的宝石之一。托帕石被当作最好的黄色宝石一直深受人们的喜爱。

如今宝格丽"地中海伊甸园"系列、梵克雅宝"传奇舞会"系列珠宝等等经常出现托帕石的身影。

二、托帕石文化

古希腊人认为托帕石是"有强大神奇力量的宝石"。许多古老的民族认为托帕石可以作为护身符佩带，能辟邪驱魔，使人消除悲哀，增强智慧和勇气。他们还认为托帕石以其太阳般的光辉能给人以温暖和智慧。

古印度人喜欢按照"纳瓦拉特那"风格制作金指环和银指环，即所谓的"九宝"，象征吉祥如意，其中就有托帕石制品。

传说，在古印度战场上，一位军官把一颗黄玉放到因受重伤和缺水而生命垂危的士兵嘴里，士兵感觉自己的伤痛有了很大的缓解，争取了治疗时间，最终挽救了士兵的生命。

托帕石有着多种颜色。无论是哪一种颜色都能给人带来安详、平静的感觉。也正因为托帕石能保持内心的平静，又具有很好的镇静作用，俘获了不少女性的芳心。

传统医学认为，托帕石有调节和平衡淋巴结的功能，并可以改善喉部、呼吸道及气管方面的毛病，有助于消化、吸收、健胃整肠、消除腹部脂肪。

中国传统中医学中有"黄玉有安眠之效"的说法，所以人们常说托帕石可以缓解失眠的症状。具体方法是睡前将托帕石放在额头上，第二天起床就会感觉精神好了很多。

天然的托帕石有助增强佩戴者的表达能力和说服力，帮助佩戴者增强个人信心，使佩戴者在遇到困难的时候，能够冷静处事，带来健康、快乐的心情。

总之，托帕石作为一种光彩夺目的宝石，象征着和平和友爱，被誉为"友谊之石"，代表真诚和执着的爱情，寓意着美貌和聪颖。

三、托帕石产地

1. 产地分布

世界上绝大部分托帕石产在巴西。另外，斯里兰卡、美国、缅甸、乌拉尔山脉、澳大利亚、中国等地也都有宝石级托帕石产出。

中国的托帕石主要产于内蒙古、江西、新疆。内蒙古的托帕石产于白云母型和二云母型花岗伟晶岩中，与绿柱石、独居石等矿物共生。江西的托帕石属气成高温热液成因，多富集于矿脉较细的支脉内，与石英、白云母、长石、黑钨矿、绿柱石等共生。产于云英岩化花岗岩中的托帕石常与萤石共生，有时则聚集成脉。

宝石级托帕石主要产在花岗伟晶岩、气成热液型矽卡岩及冲积砂矿床中。世界上95%以上的托帕石产于巴西靠近罗德里格西尔瓦城的米纳斯吉拉斯伟晶岩中，品种为无色及各种艳色的黄玉，曾产出重量达300公斤的透明托帕石，堪称世界之最，现藏于美国自然历史博物馆。

2. 产品分类

宝石级托帕石按颜色可划分如下品种：

雪梨托帕石：托帕石中最重要的品种，以雪梨酒，即西班牙等地产的浅黄或深褐色的葡萄酒的颜色命名，包括天然和经人工处理的不同深浅的具黄、褐主色调的托帕石，甚至包括含褐色成分的橙色、橙红色者。其中最昂贵的是橙黄色托帕石，称"帝王黄玉"。

蓝托帕石：包括色调深、浅不同的蓝色品种。分为"天空蓝"（鲜亮的艳蓝色）、"伦敦蓝"（亮的深蓝色)和"瑞士蓝"（淡雅的浅蓝色）。不同产地的天然蓝托帕石色调深浅有所不同。

粉红托帕石：指粉、浅红到浅紫红或紫罗兰色的品种。主要由黄、褐色托帕石经辐照与热处理而成。色较深的天然粉红托帕石最受欢迎，但数量极少，也有由无色托帕石处理成的，但多带褐色调。

无色托帕石： 过去用作钻石的代用品，曾被称为"奴隶钻石"。现在是改色石原料，很少直接作琢件。

三、托帕石价值

1. 价值评价

托帕石是一种很难寻觅的宝石。托帕石的色彩明媚，有着多种颜色，诸如雪梨般鲜艳的橙黄色、高贵的紫罗兰色、火焰一般的红色、爽朗的蓝色、雅致的淡绿等，无色托帕石像钻石一样光芒四射。

托帕石的透明度很高，又很坚硬，反光效应极好，加上颜色美丽，所以深受人们的喜爱。从 18 世纪起，托帕石就声名鹊起，是许多欧洲皇室佩戴的珠宝首饰之一，并很快成为一种时尚潮流。

2. 收藏价值

托帕石颜色丰富，常常被制作成戒面、耳环、手链、项圈等饰品，价格不贵，装饰作用却非常好。

在紫外线的照射下，不同颜色的托帕石会发出不同的荧光。托帕石的价格与其色泽、净度紧密相关。在色泽上，红色托帕石最为昂贵和罕见，其次是雪梨色托帕石、粉红色托帕石、蓝色托帕石、黄色托帕石，无色托帕石价值最低。

无色、褐色托帕石经中子辐射、电子加速器轰击等方法处理后可以变成漂亮的天蓝色、粉色托帕石。天然的蓝色和粉色的托帕石在国内市场上很少见，在国际市场上其价格也是一直居高不下，但目前市场上最多的就是蓝色和粉色的托帕石，据说超过 99% 的蓝色和粉色的托帕石是由原石为无色或褐色的托帕石改色而成的。因此，在购买收藏托帕石时一定要慎之又慎。

四、托帕石鉴赏

1. 鉴赏标准

天然托帕石和改色托帕石都以颜色、净度、切工和重量作为评价依据。

颜色：以颜色浓艳、纯正、均匀，透明度好的为佳品。

净度：以洁净、瑕疵少、无裂隙的为佳品。

重量：重量越大价值越高。

切工：托帕石具有脆性和解理，敲击、摔打容易使其沿解理方向开裂，所以必须防止切磨面与解理面平行，否则，难以打磨和抛光。镶嵌时也应小心，以免诱发解理，破坏了宝石的外形。

2. 托帕石的优化

辐照：蓝色托帕石大多数是由无色托帕石先经辐照处理，再经加热处理，去除黄、褐杂色调后变成的。但是经辐照后的托帕石在放射性半衰期100天内会对人体有害。所以改色后的托帕石需要存放1年以上才可投放市场。经辐照处理的托帕石，其物理、化学性质与天然托帕石完全一致；而且褪色也不是很明显。只有用阴极发光的方式，才能分辨出天然蓝色托帕石比辐照处理的蓝色托帕石有强很多的阴极发光。

加热：这种优化是将巴西和巴基斯坦等地区出产的黄色托帕石经过加热处理成粉红色、红色的。

涂层处理：涂层处理是将无色托帕石经 PVD(Physical Vapor Deposition) 表面涂层处理，可成为蓝绿色、多色（如同万花筒一样）、红色等。但这种涂层处理方式可能在几年后磨损或局部剥落。

表面扩散处理：通过表面扩散法把无色托帕石改成蓝色、蓝紫色、蓝绿色等，这种优化方式后的托帕石颜色相对稳定。

3. 相似鉴别

托帕石和水晶

托帕石是一种透明的宝石，与水晶一样，都具有通透的晶体，因此人们很难区分托帕石与水晶。两者可以从以下几个方面进行区分：

①成分不同：托帕石的化学成分属于硅酸盐与硅酸盐矿物，而水晶属于石英族，主要成分是二氧化硅。

②物理特性：托帕石的光泽会比水晶亮，密度也比水晶大，同样的规格托帕石会比较重。从硬度上看，水晶的硬度比托帕石小，如果用水晶划托帕石，水晶会有损伤。

③晶体：一般来说托帕石的晶体比较通透，所含杂质比较少。托帕石是垂直生长的，它的冰裂和棉絮大都呈直线状。水晶的冰裂和棉絮要比托帕石多，通常是没有规则的。还有部分水晶比如幽灵水晶或是发晶，会含有内包物。

蓝色托帕石和海蓝宝石

蓝色托帕石和海蓝宝石看上去差不多，都是蓝色、透明、晶莹剔透的。由于海蓝宝的价格比托帕石高，所以人们常用蓝色托帕石假冒海蓝宝石。两者可以从以下几个方面进行区分：

①颜色：托帕石有多种颜色，即使是蓝色托帕石也有深浅不同的色调。

②晶体形态：托帕石是斜方柱状晶体，海蓝宝石是六方柱状晶体。

③特征：海蓝宝石的特征是天蓝色、海蓝色，玻璃光泽，包裹体少，洁净、透明，具弱二色性，六方柱状晶形。托帕石属正交晶系，透明到不透明，有明显的三色性，斜方、柱状晶形，柱面常有纵纹，采自砂矿中的托帕石多被磨蚀成椭圆形。

④硬度：海蓝宝石的硬度比较托帕石略低。其质地较脆，怕高温，在高温下海蓝宝石易炸裂，遇火烤会褪色。

⑤净度：一般来说，托帕石的净度比海蓝宝石高，海蓝宝石内部常有絮状、云雾状的包裹体。

⑥价格：如果颜色很深且价格不贵，基本可以确定不是海蓝宝石。目前市场上的海蓝宝石多数颜色清浅，近乎无色，优质的价格很高，可以达到托帕石的 10 倍。

4. 真假鉴别

托帕石分为天然托帕石和优化改色托帕石两类，由于优化改色托帕石在优化过程中未添加任何其他物质，故在珠宝鉴定上，仍将其认定为天然宝石。

现代研究表明，天然的蓝色托帕石的阴极发光比经各种方法处理过的蓝色托帕石强 2～3 倍。

人工处理过的蓝色托帕石，一般无荧光或只有很弱的荧光；而多数天然蓝色托帕石荧光较强。

第十一章　橄榄石　Olivine

　　橄榄石，英文名 Peridot 或 Olivine，这个词来自阿拉伯语
"Faridat"，意思是"宝石"。橄榄石的莫氏硬度为 6.5 ~ 7。大
多数橄榄石形成于地球深处，火山喷发时被带到地表，所以被称为
"火山女神比莉的眼泪"。在中世纪，人们认为银行家佩戴它可以
带来财运，所以它又被称为"商人之石"。相传橄榄石可以舒缓紧张、
抑郁的心情，使人心情舒畅，也被称为"幸福之石"。（图 11-1）

图 11-1 橄榄石

一、橄榄石历史

大约 3500 年以前，在古埃及的圣约翰岛上，人们发现了橄榄石，称其为"太阳宝石"。据相关记载，年轻的法老图坦卡蒙（古埃及新王国时期第 18 王朝的一位法老）就曾佩戴过一条橄榄石项链。

橄榄石首先是以和平使者的身份被人们喜爱的。古代的一些部族之间常以互赠橄榄石表示和平。在耶路撒冷的一些神庙里至今还有几千年前镶嵌的橄榄石。

在犹太教和基督教中，橄榄石被称为 Pitdah（海雀），被认为是最珍贵的宝石之一，《圣经》中就提到过。

在《摩西十诫》中，橄榄石是摩西从西奈山带回的 12 块宝石之一。埃及艳后克莉奥帕特拉佩戴的很可能就是一直被误以为是祖母绿的橄榄石。

后来，十字军将橄榄石带到欧洲，很快就确立了其在中世纪重要宝藏中的显赫地位。据说，在科隆大教堂存放的圣物箱中，东方三博士 (Magi) 的骨头上就饰有一颗重达 200 克拉的橄榄石。

橄榄石一直深深地吸引着王公贵族的目光，其中最有名的就属奥地利女大公伊莎贝拉的橄榄石钻石王冠。伊莎贝拉的这套橄榄石首饰，是由一顶镶有 5 颗巨大橄榄石的王冠，以及配套的项链、胸针和耳环组成的。其中项链上的几颗水滴形吊坠，可以拆下来安装在王冠上。

伊莎贝拉去世后，这套珠宝被几次转手，2001 年在苏富比拍卖行被拍卖，珠宝公司 Fred Leighton 以 40 万美元的价格将其拍下。在 2004 年金球奖颁奖礼上，喜剧演员、电视人 Joan Rivers 借来了这套首饰中的橄榄石项链和耳环搭配礼服，不难看出这套首饰的华丽与典雅。2012 年 5 月这套首饰中的耳环和胸针被再次拍卖，拍卖所得被用于慈善。

在土耳其伊斯坦布尔的托普卡帕宫，金色的王座上点缀着 957 颗明亮的绿色橄榄石。

在深绿色祖母绿和耀眼的钻石被发现后，橄榄石的地位开始受到冲击。所以橄榄石被认为是"穷人手中的祖母绿"。

但是，橄榄石的命运很快又被改变。20 世纪 90 年代，在巴基斯坦和阿富汗边界附近的山脉发现了一颗极其鲜亮的绿色宝石，现称为"克什米尔橄榄石"，这个新发现让橄榄石更为普及。

值得一说的是，橄榄石在历史上的另一个转折点，为它增加了宇宙维度。2003 年，NASA 报告称，已经在火星上发现了橄榄石，这使它成为唯一在已知的其他星球上发现的宝石。

二、橄榄石文化

相传，在地中海上有一个小岛，经常有海盗出没，不同团伙的海盗经常发生冲突。在一次规模较大的冲突中，海盗们不经意间发现了大量的宝石，于是这些海盗放下了手中的武器紧紧地拥抱在了一起。海盗的首领根据《圣经》中橄榄枝的故事，把这种晶体透明、色泽酷似橄榄的宝石命名为橄榄石。

因为橄榄石大多产在火山口周围的火山岩石中，其具有的斑斑点点仿佛是火山喷出的泪滴，包裹在黑色的火山岩中。所以，人们又称橄榄石为"火山女神比莉的眼泪"。

也有人说，太阳神阿波罗的黄金战车上就镶嵌着无数橄榄石，威武的战车在天空飞驰时向四周放射出无比灿烂的光芒。

在古代，橄榄石是一种贵重的宝石。古埃及的医师们认为其有太阳的力量，是治疗肝脏疾病和肌肉运动疾患的良药。将橄榄石磨成粉末，还可以用来治疗气喘病，放到患者舌头底下，可以减轻因高烧引起的干渴。

橄榄石的绿色往往让人们感受到一种生命的力量，所以在古老的欧洲，人们认为橄榄石有助于避邪气，可聚财。橄榄石充满魅力的绿色，不但可以丰富人的思维和想象力，对调节紧张、失眠、愤怒等坏情绪也具有非常神奇的功效。

在中世纪，绿色的橄榄石象征着希望，能给主人带来好运，甚至银行家们也把橄榄石作为护身符佩戴在身上，所以橄榄石又被称为"商人之石"。

橄榄石的色调比较稳定，多次接触过橄榄石的人只需数秒便能在一堆五光十色的宝石中发现它。橄榄石以颜色艳丽悦目而被人们所喜爱，给人以心情舒畅和幸福的感觉，故被誉为"幸福之石"。

从星座的角度来说，8月属于狮子座，而狮子座的守护星恰恰是太阳，因此"太阳宝石"橄榄石就顺理成章地成为8月的生辰石，象征和平、幸福和安详。

人们还认为橄榄石能够减少家庭生活中的矛盾，化解家人之间的口角纷争、愤怒的情绪等，是幸福美满婚姻的象征。因此橄榄石又被人们当作结婚 16 周年的纪念宝石。

三、橄榄石产地

1. 产地分布

世界上出产宝石级橄榄石的国家有：埃及、缅甸、印度、美国、巴西、墨西哥、哥伦比亚、阿根廷、智利、巴拉圭、挪威、俄罗斯以及中国等。

2. 产地特征

缅甸抹谷附近出产优质巨粒橄榄石。

墨西哥北部边境是世界大型橄榄石矿床之一。

美国亚利桑那州的橄榄石是宝石级橄榄石的最大的来源；含铬的橄榄石产于夏威夷海岸。

中国的橄榄石产地有河北、山西、吉林等。河北的橄榄石主要分布于张家口地区万全一带，位于内蒙古台背斜与燕山沉陷带的接合部位，其矿床规模大，宝石级橄榄石质量好。

四、橄榄石价值

1. 价值评价

橄榄石具有和平、美好的吉祥寓意，加上价格不贵，且大多数是小克拉的重量，因此橄榄石是一种适合大众消费的优雅珠宝。诸如橄榄石戒指、手链都是送给朋友、长辈的优选礼品之一。

大颗粒的橄榄石并不多见。市面上的橄榄石一般都在 3 克拉以下，3 ～ 10 克拉的橄榄石很少见，因而价格也略高。世界上最大的一颗宝石级橄榄石产于红海的扎巴贾德岛，重 319 克拉，现存于美国华盛顿史密森国家自然历史博物馆。中国河北省张家口万全县大麻坪发现的橄榄石，重量 236.5 克拉，取名为"华北之星"，是中国最大颗粒的橄榄石。在英国伦敦自然历史博物馆有一颗来自泽伯吉特的重 146.1 克拉的橄榄石。在俄罗斯有一块切磨好的橄榄石，重192.75 克拉，曾属于俄国沙皇，现存于莫斯科的钻石宝库里。

2. 特殊橄榄石

天宝石是一种极其罕见的宝石级别的橄榄石，发现在天外飞来的陨石上，是一种没有固定化学成分的天外来客。天宝石的莫氏硬度高达 8 ~ 9，略低于钻石。天宝石内部呈斑晶结构，一般为红色斑晶、深红色斑晶与金属斑晶的结合体，斑晶尺度大小不一，遍体的花纹或黄或白，缠绕在鲜红色、深红色、金属色斑晶周围，色彩斑斓，异常美丽。天宝石存量极少、品质卓越、美轮美奂，所以被誉为"陨石中的劳斯莱斯"。（图 11-2）

天宝石中的微量元素和地球上产出的橄榄石中的微量元素不同，另外，在显微镜下可以观察到天宝石中呈十字交叉状的细针状或丝状包裹体。这种包裹体的形态目前在地球产出的橄榄石中还未发现过。并且组成这种包裹体的物质成分也不能确定。

在 20 世纪，欧美科学家对全球唯一发现的一颗来自火星的橄榄石陨石研究后，一致确认了一种新名词"伊丁石"。这颗陨落在中国新疆哈密的花伊丁石，上面能看见布满黄绿色的橄榄晶体，这是可以确定火星橄榄石陨石最重要的标志。"伊丁石"和"天宝石"一样罕见，一样是来自外太空的橄榄岩陨石，人们推测它们很可能就是同一种物体。更值得一提的是，2003 年 NASA 报告称，在火星上已经确认发现了橄榄石。

3. 收藏价值

橄榄石的种类有很多，按颜色分为金黄绿色橄榄石、天宝石、浓黄绿色橄榄石、浓绿色橄榄石、黄绿色橄榄石。不同种类、不同颜色的橄榄石价格自然有所差别，

图 11-2 天宝石

由于大克拉橄榄石的稀有性，其价格比小克拉的橄榄石也贵很多，高品质的橄榄石价格在一克拉 300 元以上，而普通的天然橄榄石则只需几十元一克拉。

橄榄石的单价不算很高，通常每克拉在 300 ～ 500 元。市场上销售的橄榄石一般不会超过 10 克拉。这些橄榄石大多产自缅甸和中国。缅甸的橄榄石颜色稍为绿中带黄，相比中国河北马口坪所产的绿色橄榄石略浅。橄榄石因为单价不高，所以在选购上应挑选大颗粒的，颜色则以翠绿色为佳。选购时要注意其绿色是否纯正浓艳，黄绿色过多则会降低价值。

五、 橄榄石鉴赏

1. 鉴赏标准

橄榄石的鉴赏从颜色、净度、切工及质量四个方面进行等级划分，简称 4C

分级。

颜色： 橄榄石颜色有许多分类，而且并不是所有颜色的橄榄石都具有很高的价值。所以在鉴赏橄榄石的时候，必须注意它的颜色。一般而言，只有纯正绿色的橄榄石才具备较高的价值，像一些颜色分布不均匀的橄榄石就要依据实际情况谨慎对待了。

橄榄石一般为中到深的草绿色（略带黄的绿色，亦称橄榄绿），有些偏黄色，有些偏褐色。色调主要随铁元素含量多少而变化，含铁元素越高，颜色越深。由于橄榄石主要是因为化学成分中的镁元素致色，属于自色矿物，颜色相对稳定，多色性微弱。

橄榄石的颜色品质分为 10 级，即 1～10 级。归入四大类：极好（8～10级）、很好（6～8级）、好（4～6级）和商业级（1～4级）。以越绿、越浓、越鲜艳的越优质为原则区分颜色的级别。

净度： 天然橄榄石在其内部存在包裹体的情况难以避免，只不过有些橄榄石的内部包裹体十分明显，而有的橄榄石内部包裹体用肉眼几乎看不到。虽然这两种存在不同现象的橄榄石都是天然的，但是就其收藏价值来看，净度越高价值越高。所以在挑选收藏级别的橄榄石的时候，最好是挑选净度高的，这样才具备保值空间。净度分 FI、LI、MI、HII、EI 五个级别。

切工： 切工水平决定了橄榄石表面是否能展现出完美的光泽感。一旦切工不好，橄榄石会出现毛边的现象，所以切工好的橄榄石价值将更高，因而更值得被收藏。橄榄石切工级别分为很好、好、一般三个级别。切工不好主要表现为：宝石刻面留有抛光纹；宝石形状不标准、不美观；冠部或亭部比例不和谐；冠部与亭部刻面尖点未对齐；刻面尖点不够尖锐；同种刻面大小不均等；台面和腰部不平行；增加或减少刻面数量；底线不直或底部歪斜；腰部厚薄不均匀；宝石刻面有刮痕或砂眼。

重量：普通的小橄榄石没有收藏价值，一般 5 克拉以上的大橄榄石才有收藏价值。橄榄石的质量单位为克，精确到 0.001 克。在橄榄石贸易中仍可用克拉作为质量单位。1.000 克 =5.00 克拉。

2. 相似鉴别

外观与橄榄石相似的宝石有绿色碧玺、锆石、透辉石、硼铝镁石、金绿宝石、钙铝榴石等。区分依据有：折射率及双折率的差异；吸收光谱；相对密度；非均质性及刻面棱双影线特征；光泽、色调及多色性差异。

橄榄石：以典型的黄绿色为颜色鉴别特征。晶体呈斜方柱状体，晶面上有密集的纵纹，大多数情况下为晶体碎块或呈卵石状。

绿碧玺：三方柱、六方柱及三方单锥的聚形或晶体的碎块，晶面上有密集的纵纹，晶体的横断面为球面三角形。

锆石：四方柱、四方双锥及其聚形，晶面呈亚金刚光泽，多色性弱，手感沉。

透辉石：单斜晶系宝石，晶体呈短柱状及碎块，硬度低，耐磨性差，多色性明显。

硼铝镁石：褐色至黄褐色，多色性明显。

金绿宝石：三连晶呈假六边形，板状及厚板状晶体，多数情况下为晶体碎块及卵石状，晶体表面呈亮玻璃光泽。

钙铝榴石：完好晶形呈现菱形十二面体、四角三八面体，晶面上可见生长纹。

玻璃：主要看是否存在"双影"。玻璃内是看不到双影的，而橄榄石内则具有十分明显的双影；另外，玻璃内含有气泡，而橄榄石内则含有结晶质包体。

第十二章　水晶　Rock Crystal

　　水晶，英文名为 Rock Crystal，古人又赋予其"水精""菩萨石""千年冰"等很多令人遐想的名字。水晶的莫氏硬度为 7，是一种稀有的半宝石。在中国，水晶与珍珠、玛瑙、玉石齐名，被称为"传统四宝"。在西方，紫水晶是"爱的守护石"，也是结婚 17 周年的纪念宝石，理由是这一时期的夫妻感情由于生活负担的繁重，容易出现裂缝，赠送紫水晶饰品的目的是提醒对方：在此情感脆弱之时要特别警惕"魔鬼的诱惑"。（图 12-1）

图 12-1 水晶

一、 水晶历史

古往今来，世界上最纯净的东西莫过于水晶。人们常把水晶比作眼泪，它晶莹闪耀，深受人们的青睐。古人将其称为"水精""菩萨石""千年冰"等。各种版本的传说代代流传，赋予了水晶无限的神秘和美好的希望。

在中国，有关水晶的文字记载可追溯到战国时代的《山海经·南山经》："丹山出焉，东南流注于洛水，其中多水玉。"所谓水玉，就是我们今天所知的水晶。如果从出土文物上考证，水晶已有长达五十多万年的历史。人们把水晶、珍珠、玛瑙、玉石并称为"传统四宝"。

北宋著名的科学家沈括在其名著《梦溪笔谈》中记载："士人宋述家有一珠，大如鸡卵，微绀，色莹彻如水。手持之映日而观，则末底一点凝翠，其上色渐浅，若回转则翠处常在下，不知何物，或谓之滴翠珠。"由此可见，中国最迟在900多年前就对水晶有了精确的描述。

宋代著名学者蔡绦，在《铁围山丛谈》中记载："伊阳太和山崩，奏至，上与鲁公皆有惭色。及复上奏，山崩者，出水晶也。以木匣贮之进，匣可五十斤，而多至数十百匣来上。"也就是说，中国从宋代开始就知道水晶产于地下或藏于山中。

明代著名学者曹昭编撰的《格古要论》记载："南方水晶白，北方水晶黑，信州水晶浊。"这就是中国水晶"南白北黑"说法的历史依据。

明代著名学者黄一正在其名著《事物绀珠》中记载："紫水晶出林邑国。"所谓林邑国，就是现在越南的古称。

另据海南《琼州志》记载："水晶石有五色，清澈如冰梢月出。五指山盛产水晶如拳、如杯、晶莹圆彻。"

在西方，关于水晶的传说可以追溯到古希腊神话，其中有一个关于紫水晶的传说：有一次，酒神巴卡斯酒后恶作剧，把一名叫作阿麦斯特的美丽少女推到了一只猛兽面前。这一幕恰好被女神狄安娜看见了，为使阿麦斯特免遭残害，狄安娜便施法术将她变成了一块白色的石头雕塑。巴卡斯顿时被这尊洁白的雕像深深迷住了，对自己的行为后悔不迭，伤心之时手中的葡萄酒不小心洒到了雕塑上面，雕像竟然变成了美丽的紫水晶。为弥补自己的过失，也为了纪念这位少女，巴卡斯便以少女的名字阿麦斯特来命名紫水晶。

16世纪，西班牙宫廷画家委拉斯开兹是一位对紫水晶情有独钟的大艺术家。他以紫水晶赋予自己的启示，凭借自己非凡的才华，为国王设计了一顶以"丰饶"为主题的宝石桂冠，黄金底座上点缀着祖母绿宝石的叶片，主石就是一块大的紫水晶雕刻的葡萄……现在，这顶桂冠被收藏在维也纳艺术史博物馆。

二、水晶文化

水晶以其纯净、晶莹、闪烁的特性深受人们的青睐，人们赋予了水晶无限的神秘和美好的希望。水晶代表着典雅、幽静、庄重和权势，又给一个个美丽的传说染上了一层浪漫的色彩。

传说一：古时有一个男孩和一个女孩，两人青梅竹马，男孩一直深深暗恋着女孩，但女孩并没察觉到。他们长大成人后，女孩把自己订婚的消息告诉了男孩。男孩心如刀绞，夜夜独自吹笛，一颗颗泪珠从眼角滴落下来，当他滴落了9999颗泪珠时，天神也为之感动了，说帮他实现一个愿望。男孩说：我唯一的愿望就是能够永远守护着自己心爱的女孩。于是，天神把男孩的9999颗泪珠和男孩的灵魂幻化成一串水晶项链，并用法术让这串水晶项链飞进了女孩的家里，轻轻地落在了女孩的梳妆台上。女孩看到后非常喜欢，就戴着这串项链步入了婚姻的殿堂。从此，女孩一直过着幸福美满的生活。这就是水晶有关爱情与幸福寓意的文化起源。

传说二：远古时期，在东海的房山，有两股清澈透底的泉水在山间汩汩流淌着，一股叫"上清泉"，一股叫"下清泉"。在这山清水秀的旖旎风光中，生活着一位美丽善良的仙女——水晶仙子。村里有一位英俊而勤劳的小伙子，他每天都到山里打柴，渐渐地，水晶仙子就爱上了他。两情相悦，不久他们就结为夫妻，过上了幸福美满的生活。很快，天宫的玉皇大帝知道了这件事，非常愤怒，立即派天兵天将捉拿水晶仙子。多情的水晶仙子知道与夫君再难相见，于是伤心的泪珠如倾盆大雨一般洒落到人间，这些泪珠经岁月的风化都化作了水晶。

天然水晶饰品，冰清玉洁，晶莹剔透，经常佩戴，对人体具有较好的保健和理疗作用。明代著名医学家李时珍在《本草纲目》中说，水晶"辛寒无毒"，主治"惊悸心热"，能"安心明目、去赤眼、熨热肿"等。还可治疗"肺痈吐脓、咳逆上气""益毛发、悦颜色"等，具有一定的医疗功能。

水晶品种众多，在漫长的水晶文化史上，人们为不同品种的水晶赋予了不同的寓意：

发晶——权威水晶：增进自信心与判断力，对治疗气血不顺更是有效。同时，发晶可助优柔寡断的人增加魄力，是想要有担当和期望做大事业者不可缺少的水晶宝石。（图 12-2）

粉晶——爱情水晶：粉晶也称为芙蓉石，可开发心轮，并可帮助追求爱情、增进人际关系。粉晶主心，可使心情愉快，对心脏、血液、循环系统有帮助。（图 12-3）

白水晶——王者水晶：白水晶振动频率非常高，可提高灵性，使精神轻松愉快，使身体健康；能净化四周负能量；能提高咽喉、呼吸系统机能，增补肺气。

紫水晶——灵性水晶：可以开发智慧，提高直觉能力，使人沉着冷静，促进人缘，增强沟通能力。现代人用来避邪、护身、延寿、解毒。对于集中力不足、散漫、学习力低都有很好的调节功效。（图 12-4）

紫龙晶——智慧水晶：可增强想象力，带来灵感、创意，教人开放心胸，平和心态，宽容大度，提高对世界万物的理解力，加强对美的鉴赏力。

紫黄晶——和合水晶：紫黄晶遇到外界的不同温度会产生自然变化。它具有调和、增智慧、聚财富等效果，具有调和两种极端能量的功能，是最能调和各种人际关系的沟通宝石。

黄水晶——财富水晶：可以招财进宝、创造财富。黄色是物质世界的财富之源，所以，黄水晶凝聚财富的能量最强。将黄水晶放在屋内财位，可使财源滚滚。

骨干水晶——治疗水晶：可用于禅修、灵修、治病。它的磁场超强，能强化人体下半身功能。骨干水晶造型奇特、功能强大，具有超群的净化、治疗能量，能吸收病气，是久病患者的希望之石。

彩虹水晶——圆满水晶：水晶在结晶过程中遇到外来的压力或是湿度变化，而在内部所形成的裂痕，在灯光照射下会出现彩虹。它是圆满心愿的水晶，能满足心中的愿望。

红朱砂发晶——增益水晶：可增加一切利益。消灾解厄、安定宁神，具有辟一切污垢之气场。可助力生殖系统，对于女性生殖器官有一定的效用。对经痛、

图 12-2　发晶裸石　　　　　　图 12-3　粉晶牡丹戒指　　　　　图 12-4　紫水晶吊坠

子宫与卵巢功能较差者有帮助。

绿幽灵水晶——事业水晶：可以创造事业财富、招财纳宝。绿幽灵水晶很受欢迎，它可以提高人们创造事业财富的能力，尤其是绿幽灵金字塔水晶。

三、水晶产地

1. 产地分布

世界上很多国家都出产水晶，水晶矿产广布世界各地。巴西、美国、法国、日本、印度、越南、缅甸、意大利、土耳其、加拿大、危地马拉、马达加斯加、澳大利亚等30多个国家盛产水晶。巴西是水晶王国，其水晶储量以及最近几十年产量、出口量占世界总量的90%。巴西的水晶资源集中分布在东南部的米纳斯吉拉斯地区，北部的马巴拉可采到大量紫水晶。赞比亚的乔马附近及纳米比亚北海岸的紫水晶储量也颇大，20世纪60年代，赞比西河沿岸发现大量紫水晶矿藏。

中国各地常有发现水晶的报道，江苏、海南、四川、云南、广东、广西、贵州、新疆、辽宁、湖北等地较多。其中江苏东海县的水晶质量最好。

2. 颜色划分

水晶品种，通常可分为两大类，一类是结晶体，一类是微粒结晶体。我们常说的水晶，一般指结晶水晶。从颜色上，大致可分为以下几种：

白水晶：最纯的水晶就是透明的白水晶，常用来做首饰等。

黄水晶：在所有黄色的宝石中，黄水晶价格是最便宜的。其中，略带橙红色的黄水晶，虽然价值较高，却不是天然的黄水晶，而是用品质较差的紫水晶经热处理形成的。

紫水晶：价值较一般水晶高。品质好的紫水晶多被切磨成圆、方、长的刻面式。

棕黄水晶：常称为茶晶，一般用来做眼镜。它的颜色有深有浅。

3. 类别划分

水晶的分类五花八门，通常大致分为三类：

显晶类： 由多条六角形水晶柱（六方晶系）生成一簇的水晶簇，如白水晶、紫水晶、黄水晶、粉晶、发晶、虎眼石等皆属显晶类。

隐晶类： 隐晶类水晶外观是一块块的，不是呈六角水晶簇状，但它们也是属六方晶系的。只是我们不能以肉眼观察到它们的六角形结晶，因为结晶的体积极为细小，需在显微镜下才能看到。因为结晶之间有"水化硅石"填补，所以此类水晶非常平滑，玛瑙便属于此类。

特别类： 这类水晶和一般水晶分别很大，难以归为显晶类或隐晶类，所以归为特别类。结晶古怪嶙峋的骨干水晶，晶体内有山水、星象图案的幻影水晶等皆归纳为此类。

4. 成因划分

天然水晶： 天然水晶是在自然条件下形成的，生长在地壳深处，通常都要经历火山和地震等剧烈的地壳运动才能形成。天然水晶属于矿产资源，非常稀有和珍贵，属于中档宝石之一。

合成水晶： 合成水晶，也叫再生水晶，亦称压电水晶，是一种单晶体。合成水晶是采用水热结晶法模仿天然水晶的生长过程，把天然硅矿石和一些化学物质放在高压釜内，经过 1～3 个月时间（对不同晶体而言）逐渐培养而成的。它在化学成分、分子结构、光学性能、机械、电气性质方面与天然水晶完全相同，而在双折射及偏振性等方面，合成水晶比天然水晶更纯净，色泽性更好。经过加工（割、磨、抛）后得到的各种形状的颗粒晶莹透亮，光彩夺目，并且耐磨，耐腐蚀。

熔炼水晶： 市场上有很多人把熔炼水晶也称为合成水晶，那是不准确的。熔炼水晶一般都是以水晶废料为原料在高温高压下熔炼出来的，而不是结晶形成的，不具备水晶的晶体特性，所以不能把熔炼水晶与合成水晶混为一谈。但是熔炼水晶耐高温，用优质二氧化硅熔炼成的熔炼水晶可以做成实用产品，比如水晶杯、烤盘、茶具等。实际上，一代伟人毛泽东主席的水晶棺就是选用东海优质水晶熔炼而成的。

K9 玻璃：还有人把 K9 玻璃叫做合成水晶，那就更不准确了。K9 玻璃虽然是用二氧化硅为主要原料熔炼而成的，但是在熔炼过程中加进了 24% 的铅，实际上就是铅玻璃。一般玻璃发蓝或者发绿，看起来不像水晶，但是加铅之后玻璃的白度很高，看起来非常像水晶，尤其含 24% 铅的 K9 玻璃最像水晶。所以称 K9 玻璃为仿水晶比较恰当。

四、水晶价值

1. 价值评价

水晶与珍珠、玛瑙、玉石齐名，被称为我国"传统四宝"。在西方，水晶早已为众多收藏者喜爱，日本、瑞士、瑞典、乌拉圭都把晶莹剔透的水晶列为国石。在国外的习俗中，水晶被看作是高尚情操的象征。

水晶之所以招人喜爱，除了用途广泛（涉及装饰、药用、能量转换等领域），更主要原因如下：首先，水晶晶莹剔透，冰清玉洁，色彩多样。其次，水晶六方柱状的晶体对称、匀称，而水晶单体集中生长形成的水晶簇，晶体大小长短不一、形态各异。再次，具有包裹体的水晶给人一种很神奇的感觉，如藻晶、发晶、水胆水晶等，可呈现意想不到的内在美。

水晶在漫长的形成过程中，吸收了众多自然精华，这也使水晶被赋予了许多功效和用途。水晶是地壳运动过程中地壳板块互相挤压而稀释出的高温物质的结晶体，经历了数万年甚至几千万年、几亿年之后形成的自然形态，是大自然留给人类的美。因此，水晶作为不可再生资源，随着不断开发只会变得越来越稀少，价值上升是一种必然的趋势。

2. 收藏价值

随着近年艺术品市场的火爆，天然水晶作为一种新型的收藏品，逐渐进入人们的视线。

2006 年，崇源国际（澳门）首届拍卖会上，一尊清乾隆五十二年（1787 年）制的水晶工艺品耳双环盖瓶，拍到了 243.8 万元的天价。

到 2011 年，水晶价格已经比 2000 年的价格翻了近 30 倍。而近年来水晶制品升值更快。以做工不错的金红发晶为例，2005 年的价格为每克 10 元，现已涨至每克 80 元。

水晶的收藏持续升温，其中有三类天然水晶相对值得收藏：

首先是年代较久远的古董水晶藏品。古董水晶一般很难觅得，像石器时代的水晶制品基本都成了稀世珍宝，但是辨别起来有难度且价格不菲，因此，收藏风险比较大。

其次是水晶原石。水晶原石具有一定的收藏价值，而且收藏起来比较简单，一般只要在造型、色彩、图案、包裹体、净度、大小等方面有一定特色或优势的便可收藏。因此有许多水晶收藏者都热衷于此。

第三是水晶工艺品。现代的工艺品在年代上自然不占优势，那只能从水晶品种、质地、有无瑕疵、制作工艺上寻求其价值了。如果一块完美的水晶材料，经过名家精工细作，那这件工艺品的艺术价值、观赏和收藏价值就相当高了。

五、水晶鉴赏

1. 鉴赏标准

水晶的评价标准和高端宝石有所不同。多数高端宝石把颜色放在评价的第一位，而对水晶来说，颜色和净度是近乎同等重要的因素。此外，水晶是有成色等级之分的，影响水晶价位的因素很多，不像钻石以 4C 就可以判定，所以要多听多看多比较才能真正辨别出来。

颜色：对水晶颜色评价的最高标准是明艳动人，没有灰色、黑色、褐色等暗色调。如粉水晶，颜色以粉红为佳；紫水晶，颜色为鲜紫，以纯净不发黑为佳；黄水晶，颜色要不含绿色、柠檬色调，以金橘色为佳；金发晶，以晶体完全无色和晶体略偏茶色为佳。

净度：水晶与高档宝石的净度要求有很大不同。高档宝石稀少罕见，所以一般人们对高档宝石的净度要求不会过于苛刻。而水晶的产量较大，所以人们对水晶净度的要求是越高越好，尽量避免有较明显的内含物。

杂质：人们对水晶净度的要求是越高越好，但如果水晶内部杂质中有特殊造型，如佛、星座、生肖等，价值反而要高于同等颜色和净度的水晶。

体块大小：水晶的价值与块体大小有关，同样的颜色和净度级别，块体越大越难得。有时候质量级别虽然低一些，但体块够大，价格也可能高于高质量级别的小晶体。

加工工艺：水晶及石英岩类玉石是中低档宝石，虽比不上钻石、红蓝宝石的高贵，但在加工中如果构思巧妙、工艺精细，同样具有很高的价值。

特殊图案：当水晶内包裹体形成美丽的图案时，如幽灵水晶、风景水晶，或者针状包裹体呈束状排列时，图案越美观、越有意境，价值越高。

2. 真假鉴别

辨识水晶真伪的方法主要有以下几种：

观察：天然水晶在形成过程中，往往受环境影响总含有一些杂质，对着太阳观察时，可以看到水晶内部淡淡的、均匀细小的横纹或柳絮状物质。而假水晶多采用残次的水晶碴、玻璃碴熔炼，经过磨光加工、着色仿造而成，没有均匀的条纹或柳絮状物质。

舌舔：即使在炎热夏季的三伏天，用舌头舔天然水晶表面，也有冰而凉爽的感觉，而且会有一点香味。假的水晶，则无凉爽的感觉。

光照：将天然水晶竖放在太阳光下，无论从哪个角度，都能看到美丽的光彩。假水晶则不能。

硬度：天然水晶硬度大，用碎石在饰品上轻轻划一下，不会留痕迹；若留有条痕，则是假水晶。

二色检查：天然紫水晶有二色性，假水晶没有二色性。

偏光镜检查：在两片偏光镜下将水晶转动360度，有四明四暗变化的是天然水晶，没有变化的是假水晶。

放大镜检查：在透射光下用十倍放大镜检查，能找到气泡的基本上可以定为假水晶。

头发丝检查：此法仅限于正圆形水晶球。将水晶球放在一根头发丝上，人眼透过水晶能看到头发丝双影的，则为真水晶球。主要是因为水晶具有双折射性。但是这样无法把天然水晶与合成水晶或熔炼晶区分开来，只能区分玻璃等其他材质。

热导仪检测：将热导仪调节到绿色4格来测试水晶，如果是天然水晶，热导仪能上升至黄色2格；如果是假水晶，热导仪一般不上升，面积大时热导仪可能会上升至黄色1格。

3. 天然水晶与人工水晶鉴别

天然紫色水晶的颜色分布不均，呈不规则的片状展布，有气液包体；人工合成的紫水晶颜色均一，且中心有子晶晶核。

天然水晶还有黄晶和烟晶等颜色，但如果是蓝色、橘黄色的，则是经过人工改色的。改色水晶与天然水晶的区别是，改色水晶的颜色鲜艳均一，其中看不到不规则的片状色团，使用时间稍长后会慢慢褪色。

第十三章　玉髓　Chalcedony

　　玉髓，英文名称 Chalcedony，也被称为玉膏、石髓。玉髓其实是一种石英，是隐晶质的变种。玉髓被人们当作宝石，主要用作首饰和工艺美术品的材料。玉髓的莫氏硬度是 6.5 ～ 7，与人们熟知的玛瑙是同种矿物，有条带状构造的隐晶质石英就是玛瑙，没有条带状构造、颜色均一的隐晶质石英就是玉髓。人们常把洁白如玉的脂髓比喻为美酒，也被佛教列为"七宝"之一。玉髓有着丰富的色彩，奇特的纹路，价格也更容易让人接受，所以被称作是"最亲民的玉石"。（图 13-1）

图 13-1 蓝玉髓

一、玉髓历史

玉髓是人类历史上最古老的玉石品种之一。在中国的新石器时代，玉髓就已经作为饰物出现，以后历代绵绵不绝。

玉髓中最著名的当属红玉髓，产自青藏高原，也被人称为"麦加石"。英文名来源于拉丁语 Carne（血肉），取意于橘红的颜色。

红玉髓是色泽艳丽的稀缺品种，备受上流社会的追捧，几乎在每一个伟大的文明中都可以发现红玉髓的影子。

埃及女神伊西斯晚年所佩戴的长寿之石就是红玉髓。古希腊和罗马人用红玉髓制作阴雕（凹雕）的图章戒指。古罗马人还把深色红玉髓比喻为男人，把淡色红玉髓比喻为女人。相传，穆罕默德的玉玺就是一枚银环镶边的阴雕红玉髓。

红玉髓是一种宗教色彩浓重的宝石。时至今日，中国佛教、印度佛教以及藏传佛教都对玉髓的魔力深信不疑，法师门沿用古埃及的传统，将红玉髓与绿松石、天青石摆放在一起，以增强自己的法力。

血玉髓，也就是血石，是深绿色中带有红色斑点的石头，这些红色斑点看上去特别像血滴，所以取名为"血石"。

在传说中，血玉髓是拥有基督教之血的神圣之石。耶稣被钉在十字架上受苦受难的时候，他的血滴落到十字架下的玉石上，这些玉石就变成了血玉髓。

蓝玉髓，是作为装饰品被广泛使用的彩色半宝石。据说品质最高的蓝玉髓发现于古希腊的卡尔西登。

在古罗马，蓝玉髓被认为是祈雨之石，所以在各种祭天仪式中都少不了蓝玉髓的身影。传说，山林女神狄安娜非常喜欢蓝玉髓这种彩色宝石，所以人们相信蓝玉髓能够避免大旱。

传说，古希腊时期的亚历山大大帝南征北战，霸气十足。但一天有一条蛇在亚历山大洗澡的时候卷走了他随身的绿玉髓，导致这位军事天才随后败北，早早离世。

在维多利亚时期，人们常常认为绿玉髓是具有强大功效作用的治疗石，也是具有很高人气的装饰品。

自古以来，人们就认为绿色是自然的颜色，有着天地的力量。绿玉髓，清爽的翠绿色中带着点点黄色，常常让人们想起"在金子中诞生的宝石"。它的色泽和外表特别像翡翠，受到众人的青睐。

二、玉髓文化

玉髓，是一种具有迷人历史的不寻常的宝石。很多五彩缤纷的变种受到古人的喜爱，它们被赋予了丰富多彩的文化寓意。

蓝玉髓：可以提高自我的感知能力，开阔心胸。同时蓝玉髓能够刺激人的记忆能力，对记忆力有一定的提升作用。

绿玉髓：生机勃勃的绿色能够让人看到希望，绿玉髓清新柔和的外表下具有强大的力量。佩戴绿玉髓能够稳定佩戴者的情绪，缓解焦虑、愤怒、紧张的情绪，激发佩戴者的潜能，同时还能够增强佩戴者肝脏的解毒功能。

光玉髓：能驱散邪恶带来好运，能为弱小和胆怯的人增加勇气，大胆说话。它能阻止猜忌，确保愿望实现。据说在信仰穆罕默德的人中，普遍拥有光玉髓，可能是出于先知穆罕默德佩戴了一枚光玉髓信物戒指的原因。

红玉髓：是一种橙色至红色的半透明玉髓，是玉髓中最有激情的一种。它是自信的象征，很适合没有自我意志力、容易被人左右的人。红玉髓颜色浓艳，能够帮助人们培养一种不达目的誓不罢休的决心，从而让人们体会到恒心对自己的重要性。

粉玉髓：粉玉髓是产量最多的一种玉髓。粉玉髓与红玉髓的激情有所不同，它能够促进人们内心的宁静，因此，佩戴粉色玉髓有助睡眠。

血玉髓：血玉髓含有大量的铁元素，具有强大的补血功效。古埃及人就用血玉髓的粉末治疗失血过多，也把血玉髓的粉末和蜂蜜混合作为补血剂使用。

黄玉髓：这是一种比较罕见的玉髓，其中最为珍贵的是金色透明的金水菩提。金色代表着财富幸运，因此比较受商务白领、商人的喜爱。

黑玉髓：是植物的化石。在英国，相传它能驱除诅咒。将它的粉末混合酒水后能治疗牙痛及牙齿疏松。它也能治疗皮肤病、防止歇斯底里的情绪，及治疗一些女性疾病。此外，它可防止人们产生幻觉。

紫玉髓：可排解郁闷、恐惧及悲哀的情绪。能够帮助佩戴者抛弃与灵性无关的物质，并去除脑中不必要的记忆与负担。它能保护旅行者的平安。据说将其放在枕下可去除对黑暗的恐惧，不做噩梦。

三、玉髓产地

1. 产地分布

玉髓的产量非常丰富，产地分布非常广泛。世界上玉髓产地主要有美国、日本、印度、俄罗斯、巴西、乌拉圭、中国等国。

中国的玉髓产地主要有辽宁、黑龙江、内蒙古、河北、宁夏、新疆、江苏、安徽、湖北、云南等。

2. 品种分类

绿玉髓： 多出产于澳大利亚。绿玉髓也被称为澳洲玉，因为内部含有镍元素，所以呈现绿色。绿玉髓出产的时候多是块状，而且呈现不规则的板状。

蓝玉髓： 多出产于中国台湾东部。蓝玉髓的颜色是蓝色，颜色不仅美观而且十分鲜明，多呈现半透明状。因为蓝玉髓的数量十分稀少，所以价格也比较昂贵。

红玉髓： 多出产于印度、巴西、日本、中国等地。红玉髓因内部含有微量氧化铁而致色，因为微量氧化铁的浓度不同，所以红玉髓有淡红色、深红色以及褐红色等多种红色。（图 13-2）

光玉髓： 多出产于印度、巴西和乌拉圭。光玉髓是透明的红橙色玉髓的变种。购买光玉髓的时候应该谨慎，因为市面上的光玉髓多数是染色而成的。

图 13-2 红玉髓

四、玉髓价值

1. 价值评价

玉髓拥有丰富的文化底蕴，玉髓的产地很多，因此关于玉髓的传说也有很多。

在中国，自汉代起波斯玉髓传入中国，随着藏传佛教的传播，玉髓也成为佛教文明的一种体现。很多佛珠都是用玉髓制作的。而明清时期，玉髓雕刻也开始盛行，在朝珠、鼻烟壶或者是其他器具中经常会看到玉髓的存在。

在市场上，玉髓与和田玉、翡翠、珊瑚、松石被合称为五大工艺品的高档原材料。而这五种材料中，和田玉和翡翠的价格已经相当高，珊瑚和松石的价格也是一路高涨，目前还处于起步阶段的玉髓在未来也一定会有或多或少的增值。也正是因为玉髓起步晚，所以玉髓的价格还相对低廉，让人更容易接受，所以被称作是"最亲民的玉石"。

2. 收藏价值

近年来，随着翡翠等玉石价格的走俏，加上玉髓本身质地坚硬、细腻质朴、玲珑剔透等特点，玉髓逐渐走进了大众的视野。于是，很多人产生了这样的疑问：玉髓有收藏价值吗？

首先，纵观各种玉石，玉髓的价格是最低的，即便是玉髓中价格较高的冰彩玉髓，其价格也非常亲民。其次，据说玉髓对人体的滋养性更甚于翡翠，作为玉髓中精品的冰彩玉髓的品质越高，滋养性越好。玉髓是一种不可再生的资源，随着玉髓的大量开采，玉髓的产量会越来越少。物以稀为贵，稀少的天然玉髓会更加珍贵，所以产量的稀缺性决定了天然玉髓的收藏价值。

五、玉髓鉴赏

1. 鉴赏标准

关于天然极品玉髓，总的评价标准是：质地越通透越好，水头越润泽越好，内部杂质越少越好，裂纹和石纹越少越好。可以从以下几个方面进行鉴别：

光泽：真玉髓无论半透明或不透明，都有温润光泽，内部夹有少量杂质或呈棉絮状花纹均属正常；假玉髓色泽干枯，灰暗呆板无灵气，有的还有气泡。

硬度：用刀刻、刮，真玉髓不留痕迹。

密度：真玉髓手感沉重，假的则轻飘。

声响：把玉髓用线悬空挂起，用硬物敲击，真品的声音清脆悦耳，余韵悠扬；假的则相对沉闷干涩。

断口：用10倍放大镜观察，真玉髓的断口参差不齐，可见比较细密的结构；假玉髓的断口整齐发亮的常为玻璃类仿制品，断口结构粗糙、无蜡状光泽的是石质仿制品。

2. 相似鉴别

在矿物学中，玉的定义只包括翡翠、和田玉等几个玉石品种，其中并没有玉髓。但是"玉石"的概念范围就大了很多，玉髓就是玉石之一。玉髓的内部主要矿物成分是隐晶质石英，形状大小不一，颗粒细小，光泽多为玻璃或蜡状，半透明或微透明。玉髓的颜色非常丰富，有暗绿、苹果绿、蓝等，其中以绿色为佳。

玉石中，容易与玉髓混淆的主要有：绿色翡翠、玛瑙等。

绿玉髓与绿色翡翠：绿玉髓表面光亮，质地细腻。颜色通常为苹果绿色，能看见不同程度的深浅变化，呈半透明状。绿玉髓比较脆，加热或暴露于阳光下会使之褪色。绿色翡翠具有变斑晶交织结构，可见斑状或纤维状硬玉晶体，外表呈现玻璃光泽，大多半透明或透明，翠色浓艳纯正。在重量上，密度为2.60的绿玉髓要比密度为3.24～3.43的翡翠轻得多。

玉髓和玛瑙：玉髓与玛瑙被称为姐妹石，因为组成它们的矿物质大体相同，外表也相似，所以人们经常把玉髓和玛瑙相混淆。有人说玛瑙是带有不同颜色条纹的玉髓，其实不然，玛瑙和玉髓有着本质的区别。

玉髓属于含水石英的隐性晶体，和水晶十分接近，油脂光泽，通透感极强，但玛瑙却是脱水二氧化硅的胶凝体，具玻璃光泽，通透稍逊于玉髓。

玛瑙的条带状纹路十分明显，色彩相当有层次。玉髓的颜色比较单一，即使有颜色混杂的情况，两种颜色的分割线也不是很明显，不会出现明显的条带状纹路。

玉髓是隐晶质集合体，内部分子微小，肉眼观察不到，质地细腻，以乳房状或钟乳状产出，常呈肾状、针乳状、葡萄状等。玛瑙是经常混有蛋白石和隐晶质石英的纹带状块体，常见的为同心圆构造，颜色不一，视其所含杂质种类及多寡而定，通常呈条带状、同心环状、云雾状或树枝状分布。

3. 玉髓优化

天然玉髓质地纯粹，颜色艳丽，有种润润的感觉，但根据这些特点对质地不好的玉髓进行处理，就可以假乱真。玉髓的优化主要有以下两种处理方式：

热处理： 为了改善玉髓的颜色，对含铁因子的玉髓进行热处理。热处理过的玉髓，因为它的内部结构做了改变，所以呈现出来的颜色大都比较暗淡，不如天然玉髓鲜艳亮丽，光泽和水头也没有天然制品的好，石材发干、发涩。

注胶加色： 是对颜色暗淡、质地不好的原石进行染色加工，这是一种化学处理方式。但是染料会沿着玉髓表面的裂隙分布，肉眼就能看出网状的色素沉淀，颜色极不自然，很轻浮，水头和质感均发闷。

无论经过哪种加工，经过优化过的玉髓毕竟不是天然生成的，只要仔细观察、谨慎鉴别就会找出破绽。

第十四章　月光石　Moon Stone

　　月光石，英文名 Moon Stone，又称月长石、微斜长石。月光石的莫氏硬度为 6 ~ 6.5。由于它呈乳白色、半透明并具有淡蓝色的晕彩，仿佛朦胧的月色，故名月光石。月光石是 6 月诞生者的幸运石，象征富贵和长寿。印第安人认为月光石是结婚 13 周年的纪念宝石。在美国，月光石被称作是"圣石"。在印度，据说佩戴月光石能够获得如满月般美好的爱情，所以称其为"情人石"。据说月光石可以保护出外旅行者平安，所以称其为"旅人之石"。由于柔和的月光石可增强人们预知未来的能力，所以称其为"预言之石"。（图14-1）

图 14-1 月光石裸石

一、月光石历史

在矿物学中，月光石由于会出现犹如月光一样的晕彩，而被称作月光石。世界各地关于月光石的起源有很多美丽的传说，充满地域特色。

16世纪，阿克巴大帝统一了印度，巩固了宏伟的莫卧儿王朝。当时，最吸引人们眼球的就是佩戴在国王和公主身上的各种珠宝，其中，闪着月光般柔和光芒的月光石，低调而尽显奢华，以其不可抗拒的魅力诠释着皇家权力的神圣和不可侵犯。

在中国，关于月光石的古文记载很难找到，北宋著名诗人梅尧臣在《读月石屏诗》中写道："吾谓此石之迹虽似月，不能行天成纪历。曾无纤毫光，不若灯照夕。徒为顽璞一片圆，温润又不似圭璧。乃有桂树独扶疏，嫦娥玉兔了莫觅。"有人认为梅尧臣诗中所描述的就是月光石。其实，梅尧臣所描述的并不是月光石，而是砚台。

五代时期，著名学者杜光庭在其编撰的《录异记》中，有一段关于"和氏璧"的记载："岁星之精，坠于荆山，化而为玉，侧而视之色碧，正而视之色白。"有些学者认为杜光庭描述的就是月光石，但也有一些学者认为杜光庭描述的是钻石。

在西方，月光石一直是非常贵重的宝石之一。罗马人认为月光石是由月光形成的，而且能从月光石中看到月亮之神狄安娜的影子。希腊人则认为月光石是美神与爱神维纳斯的化身。

在中世纪，人们认为注视月光石会使人陷入沉睡，且能从梦境中预知未来。在阿拉伯的一些国家，人们常把月光石缝进衣服中，祈求五谷丰登。

在印度，月光石被认为是神圣的象征，因为在晚上可以让佩戴者产生美丽的幻想，所以被作为"梦之石"。印度人还认为月光石是代表着人的第三只眼的符号，可以提高人的悟性并且可以净化人的心灵。

19世纪末，月光石在欧美非常流行，常常被金匠大师运用于首饰的创作中。另外，由于人们认为月光石能唤起内心的情感与激情，又称其为"恋人之石"；有些地方的人们相信月光石可以在夜晚保护行走者，所以又称其为"旅人之石"；在一些亚洲国家，月光石还被作为"没有眼泪"的象征。

20世纪初期，新艺术运动时期的珠宝大师十分喜爱采用月光石作为设计主题。美国蒂芬尼家族设计的一件月光石搭配蒙大拿州蓝宝石的铂金项链就十分具有代表性，现今被收藏于纽约大都会艺术博物馆。

印度电影《帝国玫瑰》剧中饰演印度公主的超级美女艾许维亚·雷伊佩戴的珠宝中，不时会出现整串以月光石排列出来的华丽设计首饰，宛若月亮的光芒凝结而成的月光石，在整体造型的视觉上，营造出一股神秘的内敛气质。

二、月光石文化

月光石是一种散发着婉约之美的彩色宝石，一直被认为是月亮神赐给人类的礼物，有着神秘、不可思议的神奇力量，就像主宰夜晚的月亮一样强大。

传说，在满月的夜晚，如果口含一枚月光石，就能听到神的启示而预知未来。很多人对月光石的预测力量深信不疑，据说英国国王爱德华六世就拥有一颗用来预测未来的月光石。

佩戴月光石饰品的人，美丽高贵，会从内向外散发出一种淡然、清新的温婉美感，这就是月光石的美丽。古希腊及罗马人深信月光石在满月的时候具有强大的力量，可以给人带来第六灵感。尤其是用K金做成的戒指，更能使月光石发挥强大的能量。

传说，月圆之夜佩戴月光石就能遇到自己的梦中情人，在明月的见证下共结良缘，所以月光石又被称作是"情人石"。许多国家的人们把它当作饱含深厚爱意、唤醒柔情的爱情宝石。

人们喜爱月光石绝不仅仅是因为它的光辉，同时也因为它具有非常好的作用：

①预防疾病：对女性来说，平常佩戴月光石能够舒缓生理痛感，调节女性的内分泌系统，提高生育能力。月光石对消化系统也有影响，有助于营养吸收，排除毒素，防止老化。

②调节情绪：月光石石性柔和，质地细腻，能够改善人的情绪和个性，稳定心境，使人从容优雅，摒弃冲动暴躁，对情感的波动有安抚效果，适合打坐静心时佩戴。在满月时佩戴能提升人们的知觉与潜能。

③有助睡眠：月光石的能量非常柔和，睡觉时将其放在旁边，可以使人安然入睡，提高睡眠质量，使皮肤变得细腻润滑，白天会更有精神。月光石晶莹细致，充满灵气，也能够防止梦游。

总之，从古到今，月光石作为具有能量的石头，大家都相信这个石头能给人带来好运，激起内心的涟漪，唤起人们对美好爱情的渴望。

三、月光石产地

1. 产地分布

月光石在自然界中的储量较大，主要产于斯里兰卡、缅甸、印度、巴西、墨西哥及欧洲的阿尔卑斯山脉，其中以斯里兰卡出产的月光石最为珍贵。

2. 产地特征

月光石的品种主要包括：

蓝色月光石：蓝色月光石是月光石品种中最受欢迎的，其中体积较大且质量较好。高质量的蓝色月光石产于缅甸，现已难以寻觅。

白色月光石：在晕彩方面稍逊于蓝色月光石，通体呈乳白色。

虹彩月光石：虹彩月光石可以展现出彩虹般的晕彩，这种宝石现在也逐渐紧缺，主要产于马达加斯加。

绿色月光石：绿色月光石不具有晕彩效应，常呈浅黄绿色，可出现星光效应，多产自印度。

粉色月光石：粉色月光石的颜色为橙色到浅粉色，可具有猫眼或星光效应，多产自印度。

四、月光石价值

1. 价值评价

"青光淡淡如秋月，谁信寒色出石中。"短短十四个字，将月光石的温婉之美，表现得淋漓尽致。只有具有月光效应的长石才能被称为月光石。月光石是长石家族里最杰出的代表，还有冰长石、钠长石和拉长石，都是长石家族的成员。月光石有加强预知未来的能力，因此被称为"透视之石"。

2. 收藏价值

优质的月光石具淡蓝色的晕彩，如同朦胧的月光。带白色光晕的月光石价值较低。月光石的光晕有方向性，光晕的延长方向应与琢磨宝石的外形一致，应聚集在弧面宝石的中心位置，如果光晕歪斜，将影响宝石价值。

月光石可具猫眼效应或星光效应，但很少见，特别是星光效应更为罕见。挑选月光石最重要的是要具有青白光晕，蓝光闪耀且明显者更佳；透明而青白光晕明显的月光石价值也会更高。月光石的净度一般很高，越澄澈透明的底色越能彰显其耀动的淡蓝色光晕。

产自瑞士亚达拉山脉和斯里兰卡麻粒岩岩脉的优质玻璃体月光石，带着很强的透光性，具有月光一般的晕彩，价值远高于产自美国弗吉尼亚州的奶油月光石。

玻璃体月光石很通透，净度干净无内含物，具有投资收藏价值。泛蓝光或彩色光的精品玻璃体月光石价值更高。

五、月光石鉴赏

1. 鉴赏标准

月光石有玻璃体和奶油体之分。主要区别是：玻璃体是正长石的成分较高，所以宝石质地更为透明；奶油体是钠长石的成分较高，所以宝石显得更为温润，呈半透明的牛奶质感。

月光石的鉴赏标准从月光效应、透明度、晕彩、净度、重量几个方面来评价。

月光效应：月光效应在月光石的价值评估中起到重要的作用，没有晕彩的月光石，其价值就很低。

透明度：月光石的透明度也是非常重要的评价标准，透明度越高，价值越高。奶油体的、透明度不高的价值略低。

晕彩：就月光石而言，晕彩的颜色越鲜艳价值越高，一般以淡蓝色和彩色为最佳。晕彩的面积大小也对月光石的价格有很大的影响，晕彩面积大而强的价值越高。印度产的月光石晕彩强，光的面积很大，颜色也比较丰富。

净度：月光石的净度评价与其他的宝石一样，净度越干净，价值越高。

重量：重量越大，价值越高。月光石大颗粒产出比较少，5克拉以上的优质月光石有一定的投资价值；10克拉以上的优质月光石具有收藏价值。

2. 相似鉴别

容易与月光石相互混淆的宝石主要有：白色石英猫眼、玉髓、白色欧泊。月光石与它们的重要区别是：

月光石的晕彩极为特殊，当转动宝石时，往往呈片状移动，而石英猫眼则呈现眼线的线状移动。

月光石具有明显的肌理，在一些微小断面处可见到参差不齐状的断口，而其他的相似宝石多为壳状断口，断口处为光滑的弧面。

月光石内部有时可见"百足虫"状的包裹体，可作为鉴定的重要依据。

月光石的淡蓝色晶莹剔透，透明度也很高，质量好的月光石会呈半透明状，而且月光眼正好处在中间位置。

当上述特征不明显时，便要通过测定宝石的折光率及密度进行区分，识别各宝石关键典型的解理与具有特征的包裹体。

3. 月光石的合成与优化

拼合月光石：是用很强蓝色晕彩的月光石（或月光贴片）与白水晶拼合而成的。

覆膜：是在较差的月光石表面覆上一层彩色的膜来改变月光石的颜色。

优化：月光石的优化用浸蜡的方式来填充缝隙。

第十五章　葡萄石　Prehnite

　　葡萄石，英文名 Prehnite。由于葡萄石矿物晶体多呈钟乳状和葡萄球状的集合体结晶，很像一串串饱满的葡萄，因此以葡萄石命名。葡萄石的莫氏硬度为 6 ～ 6.5。（图 15-1）

图 15-1 葡萄石

一、葡萄石历史

葡萄石的英文名为 Prehnite，是以其发现者亨德里克·冯·普雷恩（Hendrik Von Prehn）的姓氏命名。普雷恩是荷兰陆军上校，在 1768 年到 1780 年期间，曾被派驻到南非好望角担任荷兰殖民地军队指挥官，就在这期间他发现了葡萄石。

葡萄石又称"绿碧榴"，是一种硅酸盐矿物。葡萄石通透细致、优雅清淡，从外观上看，与顶级冰种翡翠十分相似，一般出现在火成岩的空洞中，有时也会出现在钟乳石上。

葡萄石透明和半透明的都有。它们的形状有板状、片状、葡萄状、肾状、放射状或块状集合体等。质量好的葡萄石可作宝石，这种宝石被人们称为"好望角祖母绿"。

有些葡萄石是由碎石磨圆后的粒状物经再次包裹石化而成的；有些葡萄石是在成岩过程中由于地层高温高压等地质作用，经岩石内部物质置换凝聚而成的。有些葡萄石上有构造纹理或裂缝穿插于葡萄颗粒间。有些葡萄石的形状就像朵朵梅花附于枝上，所以也被称为"梅花石"。

葡萄石的发现历史已有几百年了，但直到 2008 年以后才逐渐进入中国人的视野，所以在中国消费者的眼中，葡萄石还是一个宝石新贵。由于葡萄石数量特别稀少，一直未引起宝石界的重视，直到 2012 年前后才被业界和部分前卫的收藏家关注，到了 2013 年有许多时尚品牌的设计师开始大量使用葡萄石制作名贵首饰，其中不乏一些国际著名品牌。

目前，全球有十一个国家发现了葡萄石，包括南非、马里、中国、索马里、苏格兰、澳大利亚、纳米比亚、巴西、美国、阿富汗和墨西哥。而真正出产宝石级葡萄石矿的国家则少之又少，能够达到加工宝石级戒面原料的国家仅有索马里、马里和巴西三个国家，而且产量极少，这些国家全年出产的葡萄石原矿石加起来也不超过三吨，且开采量还在逐年减少，所以这是一个发现较晚而又迅速枯竭的宝石品种。

二、葡萄石文化

葡萄石是一种天然灵石，有着十分优雅的外观，以及淡泊宁静、自然从容的气质，非常符合东方人的审美。

葡萄石被人们当作是一种财富宝石，会给人带来财运，为人凝聚财富气场，同时加强人的事业运气，给人带来新的机遇。

葡萄石也是幸运之石，有利于增强佩戴者的正能量，辟邪化煞，消除自身的霉运，营造一种祥和的气场，让人获得健康和快乐。

葡萄石还是希望之石，给人带来坚定的信念，象征着毅力、创新和希望，能带来贵气与幸运，引导人们实现预计目标。

葡萄石历经了大自然千万年的洗礼，有着天然晶石的独特魅力。葡萄石内含的天然晶石磁场，对人体大有裨益。

葡萄石以美容养颜著名，可以说是一种女人石，长期佩戴葡萄石可调整女性生理，促进血液循环和新陈代谢。

　　葡萄石能让人紧绷的神经轻松舒缓、恢复平静。而对遇事优柔寡断的人，葡萄石则能帮助其理性思考，从而做出正确的抉择。

　　葡萄石作为一种具有亲和力的天然晶石，能让偏执的人放下心中的执念或怨恨，趋于豁达开朗，坦然地面对未来。

　　葡萄石在西方被誉为"预测之石"，可以提升人的冥想能力，能够明晰人的思维，让人在平静的状态下达到物我一体的和谐状态。

三、葡萄石产地

1. 产地分布

　　葡萄石是经热液蚀变后形成的一种次生矿物，主要产在玄武岩和基性喷出岩的气孔和裂隙中，常与沸石类矿物、硅硼钙石、方解石和针钠钙石等矿物共生。

2. 产地特征

　　中国的葡萄石多产于四川省泸州、乐山等地。葡萄石圆润光洁、晶莹可爱，以颗粒与底色对比明显、粒大形圆，呈浮雕状亦能构成图形者为佳。

　　泸州葡萄石，又叫绿粒石，产于泸州长江河段，属玄武岩。泸州葡萄石石质密致，细腻光滑，质地较硬；多为次圆、椭圆形；呈灰、灰绿、淡绿及灰黑色。卵石表面的葡萄颗粒有浮雕状和平面状两种，一般颗粒色浅，底色深，构图清晰，颗粒疏密有致。尤其是绿色葡萄石，被称为绿珍珠，极具观赏价值。

　　乐山葡萄石，主要产于大渡河和岷江流域，在乐山交汇的三江激流中也有分布，属一种高品位的含铜翠绿页岩。乐山葡萄石为颗粒状的石镶小圆石，是岩浆岩气孔被小块铜矿石充填而成，因颗粒的硬度高于包裹石质，水冲沙磨后颗粒凸现。其葡萄颗粒坚硬圆润，富含铜质，透着深浅不一的青绿颜色，格调优雅。

四、葡萄石价值

1. 价值评价

"秋荷一滴露，清夜坠玄天。"自然界的确有一种清雅美丽的石头，像极了荷叶上的露珠，它就是葡萄石。

葡萄石自发现以来就被认为是"幸运宝石""希望之石""预测之石""财富之石"。人们认为佩戴它可以带来财气，招来正财，增强自己的事业财运，特别是做生意的人会经常随身携带它以保佑生意兴隆。除此之外，葡萄石还有福泽延绵、多子多福、大吉大利、幸福连连、福泰安康等美好寓意。

近年来葡萄石更是被人们所追捧，曾在台湾掀起一场购买热潮，日韩珠宝市场对葡萄石的反响也不错。葡萄石是彩宝大家族里独具个性的一个，不同于其他彩宝那样张扬，葡萄石总是给人一种含蓄的感觉，静静地释放自己的美丽。从 2012 年起，葡萄石崭露头角，价格涨幅明显，是许多珠宝收藏者的投资新宠。

2. 收藏价值

葡萄石的质地细腻通透、水润欲滴，充满灵性和内涵，因此受到大众的广泛喜爱。用于首饰的葡萄石应完全透明，所含的包裹体应小至肉眼不可见。市场上的葡萄石以黄绿色为佳品，呈现金黄色的澳大利亚葡萄石更是不可多得的宝石。

葡萄石的颜色有深绿、灰绿、绿、黄绿、黄、无色等，偶见灰色。以绿色调为主的葡萄石其颜色必定带黄色或者灰色调；以黄色调为主的葡萄石其颜色比较亮却不鲜艳，带有灰色调；金黄色的葡萄石很少有，所以极为稀有珍贵。

优质的葡萄石会产生类似玻璃种翡翠一般的荧光，非常美丽。上好的葡萄石通常为集合体，深绿色。但这种石料由于单晶体解理发育，很少有单晶体刻面型。集合体石料经加工后与无色翡翠非常类似，所以人们常常会把优质的葡萄石当作优质翡翠的替代品。

内部洁净、颜色悦目、颗粒大且圆润饱满是葡萄石价值评价的基本标准。葡萄石以浓红和金黄色的最为高级，其次为黄绿色和蓝绿色，白色、无色的也很受欢迎。由于产量少，一般市场价格都比较高。

随着葡萄石逐渐被大众所喜爱，它的价格也是翻倍上涨。人们不仅将葡萄石作为漂亮的饰品，更是将其视为收藏品之一。葡萄石是一种天然产物，而且极品的葡萄石资源更是稀少，所以在未来的时间里，葡萄石具备很大的升值空间。

五、葡萄石鉴赏

1. 鉴赏标准

葡萄石的鉴赏标准主要是颜色、荧光、净度、大小、形状。

颜色：葡萄石的颜色以黄绿、浅绿、无色和白色最为常见，此外还有绿色、金黄、蓝绿、肉红、浅棕色等。

浓艳的绿色或金黄色最美观也最受追捧，其次是蓝绿色和黄绿色。颜色的饱和度越高、色彩越明亮，质量就越好，价格也越贵。

荧光：葡萄石的荧光效应有强有弱，荧光越强越美观，价格也越高。

净度：葡萄石的透明度从透明到亚透明再到半透明都有。其内部常含有点状、针状、絮状、瑕疵以及包裹体（杂质）等。

一般来说，净度越高越好。净度高的葡萄石才能用作戒面，净度低的通常只能用作雕件或手串等，达不到宝石级。

不过有些内含物是可以为葡萄石增色的。内含平行纤维状结构的葡萄石磨成弧（素）面宝石后能显现猫眼效应，很罕见，有很高的收藏价值。有的葡萄石内含如发丝般的包裹体（与水晶中的发晶类似），也别有味道。

重量：重量对葡萄石价格影响非常大。比如同等品质的戒面，10 克拉以上的价格要高出一倍以上，30 克拉以上的就更高了。大颗粒的高品质葡萄石最具收藏价值，价格自然不菲。

形状： 形状对价格影响也不小。形状要圆润，比例要符合黄金法则，厚薄要适中，这点大家凭常识基本都能判断。

2. 相似鉴别

最易与葡萄石混淆的宝石是绿石榴石，对晶体内包裹体进行鉴别就可以区分。

绿色石榴石一般都有丰富的条状、针状包裹体，呈马尾状或辐射状排列分布。而葡萄石是在相对低温的热水融蚀效应下生成的，所以葡萄石的结晶内很少会有共生物。我们在观察葡萄石包裹体时，通常会看到其内部是纤维状结构，呈放射状排列。

第十六章　绿松石　Turquoise

绿松石，英文名 Turquoise。绿松石的波斯文含义是"不可战胜的造福者"。绿松石属优质玉材，因其天然产出常为结核状、球状，色如松树之绿，因而被称为"绿松石"，简称为"松石"。绿松石的莫氏硬度为 5 ～ 6，是一种含水的铜铝硅酸盐，其结构及铜元素离子决定了它的基本颜色为天蓝色，另含铁、锌等杂质元素，铁元素的存在影响它色调的变化。

古代中国人称其为"碧甸子""青琅玕"等。欧洲人称其为"土耳其玉"或"突厥玉"。到了清代人们视绿松石为吉祥幸福的圣物，称之为"天国宝石"。绿松石是属相为虎、兔、鼠人士的幸运生肖石，在美国和西方国家被当作十二月的生辰宝石，象征成功和胜利，有"成功之石"的美誉。（图 16-1）

图 16-1 中国绿松石裸石

一、绿松石起源

绿松石是古老的宝石之一，有着几千年的灿烂历史，深受古今中外人士的喜爱。

传说，女娲娘娘用七彩石补天，其中一彩石便是绿松石。

公元前 5500 年，古埃及就在西奈半岛上开采绿松石，第一王朝时埃及国王曾派出组织精良并有军队护卫的两三千人的劳动大军，寻找并开采绿松石。

1900 年，考古学家发现，在 5000 多年前埃及皇后（Zer 皇后）的木乃伊手臂上戴有四只用绿松石装饰而成的金色手镯，这些饰品至今依然光彩夺目，堪称世界珍宝。

1927 年，中国地质学家章鸿钊在其名著《石雅》中解释说："此（指绿松石）或形似松球，色近松绿，故以为名。"

在中国，绿松石是应用最早、最广泛的玉石品种之一，在距今 7500 ～

8200 年的中原裴李岗文化遗址中，圆珠、方形绿松石饰品的发掘出土，证实了绿松石的开发利用已有 7000 多年的历史，与和田玉的开发利用基本同步。

在中国长期的巫玉、神玉时代，绿松石一直扮演着重要角色。在红山、龙山、良渚、大溪、马家窑文化遗址，以及三星堆、二里头文化遗址，都发现祀天祭神的礼器上大量镶嵌着绿松石。

1965 年，在湖北陵望山挖掘出的越王勾践剑，剑格正面镶嵌着蓝色的琉璃，背面镶嵌着绿松石，充分显示了春秋时期人们对绿松石的重视。

1987 年，在陕西法门寺地基中，考古学家惊诧地发现，唐代皇族与高僧用来安置佛祖舍利的八重宝函中，第七重就是一个镶满精美绿松石花朵的纯金宝函。

641 年，文成公主入藏时，随身携带了大量的绿松石，并用此镶嵌了拉萨大昭寺觉康主殿的释迦牟尼佛。也许，正是文成公主带去的这批绿松石，开辟了藏族人民喜爱绿松石的先河。

2002 年，在河南洛阳的二里头文化遗址，发现了一件绿松石龙形器。其形体长大，巨头蜷尾，龙身曲伏有致，形象生动传神。这个距今至少有 4000 年的绿松石龙形器是一个夏代的龙形器物，象征着华夏文明的龙图腾的形成，被命名为"中国龙"。它的出土为中华民族的龙图腾找到了最直接、最正统的根源。

总之，不管由于什么原因，出于什么目的，自有人类开始，从东到西、从南到北，绿松石就在人类的社会发展中起着重要的作用，并与人类的发展休戚相关。

二、绿松石文化

绿松石的文化源远流长，世界上大多数文明古国都高度重视和崇尚绿松石，甚至达到迷信的程度。

在中国，从夏、商、周时起，绿松石就被镶嵌在青铜礼器上，被视为国家王权的象征。此后，各代统治者都对其情有独钟。到了清代，绿松石更因其"色相如天"而深受宫廷的喜爱，在清代皇帝上朝的朝带、朝珠，皇太后、皇后束发的金约、装饰用的领约，大臣的朝冠，郡主额附的朝带等，都依规矩镶嵌着大小、数目不等的绿松石，象征着权位、财富和吉祥。

长期生活在长城以外的匈奴族也喜爱绿松石，单于的王冠上就佩有绿松石。1972 年在内蒙古自治区鄂尔多斯市出土的匈奴王冠，冠顶上立着一只雄鹰，雄鹰的头部就是以两块绿松石磨制而成的。

北方民族喜欢将绿松石与王权联系在一起，南方民族则把绿松石与巫、神、鬼联系起来，特别体现在出土的器物上。

藏族人尤其喜爱绿松石，认为绿松石是神的化身，是权力和地位的象征，并将镶有绿松石的第一个藏王的王冠，当作神坛供品。在藏族居民区，几乎所有的佛和法器、灵塔上都饰有绿松石。

西藏人对绿松石格外崇敬，绿松石在藏族心里是有灵魂的圣物。不论男女老少，几乎每个藏族都拥有不同款式的绿松石装饰品，几乎每一件珠宝首饰或玉器上都镶嵌有绿松石，各种容器及日常生活用品上也都嵌上绿松石做装饰和点缀。

中国满族、蒙古族、回族以及西南少数民族都酷爱绿松石装饰品，佩戴的银首饰、服装、鞋、帽都选用各种不同款式的绿松石加以点缀，还将绿松石与青金石、珊瑚一起镶嵌在金银器皿上，使其显示出独特的神采。

埃及人用绿松石雕成爱神来护卫自己的宝库；印第安人认为绿松石是蓝天和大海的精灵，是神力的象征，一直非常珍视，认为佩戴它能给人带来好运气和幸福，还用绿松石来装饰房前、墓地。

在中东一些国家，人们把绿松石看成是幸运之石，认为戴上它将会给全家人带来好福气。从古至今，绿松石在该地区一直是时尚、神圣的装饰品。

希拉里佩戴绿松石就是对绿松石象征权力的寓意的最好诠释。希拉里是美国政坛上叱咤风云的女强人，在各个会议中经常会看到她穿着绿松石颜色的衣服，佩戴绿松石饰品，这给她增添了一份独特的魅力。

三、绿松石产地

1. 产地分布

伊朗是世界上最著名的绿松石产地，主要出产最优质的瓷松和铁线松，伊朗出产的绿松石又被称为波斯绿松石。此外，中国、埃及、美国、墨西哥、阿富汗、印度及俄罗斯等国也出产绿松石。

中国是绿松石的主要产出国之一。湖北竹山、郧西，安徽马鞍山，陕西白河，河南淅川，新疆哈密，青海乌兰等地均有绿松石产出。其中湖北郧县、郧西、竹山一带是世界著名的绿松石产地之一。郧县云盖山是中国绿松石雕刻艺术品的原石产地，出产的绿松石以山顶的云盖寺命名为云盖寺绿松石，在业内和收藏界享有盛名并畅销国内外。

2. 品种分类

绿松石通常按产地、颜色、结构等对其分类，而许多分类又或多或少地引申为绿松石的质量等级，因而带有分级意义。

（1）按颜色分类

蓝色绿松石：蓝色，不透明块体，有时为暗蓝色。

浅蓝色绿松石：浅蓝色，不透明块体。

蓝绿色绿松石：蓝绿色，不透明块体。

绿色绿松石：绿色，不透明块体。

黄绿色绿松石：黄绿色，不透明块体。

翡翠绿绿松石：翠绿色，部分用灯照会有透明的效果。

浅绿色绿松石：浅绿色，不透明块体。

（2）按地区分类

尼沙普尔绿松石：产自伊朗北部阿里米塞尔山的尼沙普尔地区。西方人称其为"土耳其松石"，但土耳其其实不产绿松石。传说古代波斯产的绿松石是经土耳其运进欧洲的，因而得名。中国古称"回回甸子"，日本等国称"东方绿松石"。

西奈绿松石：位于西奈半岛，西奈半岛拥有世界最古老的绿松石矿山。

美国绿松石：美国绿松石其主要出产地位于美国亚利桑那州、科罗拉多州、内华达州、弗吉尼亚州和新墨西哥州等。为国际熟知的绿松石矿有比斯比绿松石、蓝德蓝（Lander Blue）绿松石、金曼绿松石、睡美人绿松石等。

①蓝德蓝绿松石：蓝德蓝绿松石的蓝色很特殊，质地稳定，铁线大多是黑色。稀缺性使得蓝德蓝绿松石成为"松石皇"。蓝德蓝绿松石矿是目前开采史上在最短的时间内就开采殆尽的矿区，总共只出产了约 58 千克的毛料，所以蓝德蓝绿松石矿也被称为"帽子矿"。蓝德蓝绿松石成为全球最贵的绿松石，每克的价格超过十万元人民币。随着时间的流逝，人们预测其价格还会飞涨。（图16-2）

②金曼绿松石：是美国绿松石中历史最悠久的，约 1000 年前就已经被发掘出产。金曼绿松石蓝度极高，以圆润明亮的蓝色与黑色矩阵闻名于世。1960 年开采的金曼绿松石是最好标本，天然金曼绿松石极具收藏价值。（图 16-3）

③比斯比绿松石：产自美国亚利桑那州南部的比斯比绿松石的蓝很深邃。铁线多为褐色、红色、巧克力色。铁线硬度极高，并因具烟熏黑的烟状铁线而闻名，常被人标为"烟黑比斯比"。比斯比绿松石深藏地下几千米，开采难度非常大。比斯比矿中产出的绿松石具有多种色调的蓝色，并且伴有特别的红棕色铁线以及蛛网状图案。顶级比斯比绿松石，铁线犀利，似黑烟、血线、薰衣草，

图 16-2 蓝德蓝绿松石　　　　　　　　　图 16-3 金曼绿松石

又像迷雾，颜色多呈血红色和紫红色，一些血线特征如同人体的血管一样。比斯比绿松石因其高硬度、高质量、漂亮的蓝色，以及犀利铁线而广受赞誉。但这个矿目前已经封矿停产。（图 16-4）

④睡美人绿松石：出产于美国西南部亚利桑那州，因矿山的形状似童话故事中的睡美人而得名。睡美人绿松石以清澈、纯正的天蓝色和深蓝色为主，颜色分布均匀，质地细腻润泽，一般无铁线，相对密度较大，是质地最硬的绿松石，抛光后的绿松石光泽质感很像瓷器，故又称之为"瓷松"。（图 16-5）

湖北绿松石：产自中国湖北的绿松石，古称"荆州石"或"襄阳甸子"。湖北绿松石以产量大、质量优，享誉中外，主要分布在湖北郧县、竹山、郧西等地，矿山位于武当山脉的西端、汉水以南的部分区域内。（图 16-6）

按产地分还有埃及绿松石、智利绿松石、澳大利亚绿松石等等。

（3）按结构分类

透明绿松石：指透明的绿松石晶体，极罕见，仅产于美国弗吉尼亚州，琢

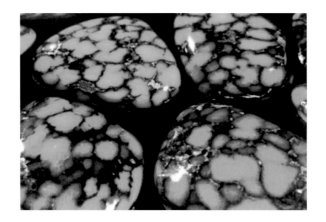

图 16-4 比斯比绿松石

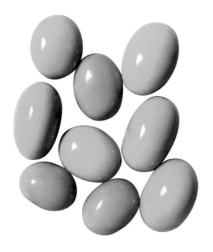

图 16-5 睡美人绿松石

图 16-6 湖北绿松石

磨后的透明宝石重量不到 1 克拉。

　　块状绿松石：指致密块状的绿松石，色泽艳丽，质地细腻，坚韧而光洁，为玉雕的主要材料，相当常见。

　　结核状绿松石：指呈球形、椭球形、葡萄形、枕形等形态的绿松石，结核大小悬殊。

　　蓝缟绿松石：也称为"花边绿松石"，指因铁的存在而形成的具有蜘蛛网状花纹的绿松石。

　　铁线绿松石：指表层具有纤细的铁黑色花线的绿松石。

　　瓷松石：指呈天蓝色、质地致密坚韧，破碎后断口如瓷器，异常光亮，质量好。

　　脉状绿松石：指呈脉状、附存于围岩破碎带中的绿松石。

　　斑杂状绿松石：指因含有高岭石和褐铁矿等物质而呈现斑点状、星点状构造的绿松石，质量较差。

面松：指质地不坚硬的绿松石，断口呈粒状，硬度小，用指甲能刻画。

泡松：指比面松还软的绿松石，为劣等品，不能用作玉雕材料。

四、绿松石价值

1. 价值评价

绿松石是"四大名玉"之一，深受古今中外众多爱玉人士的钟爱。有研究称价值连城的"和氏璧"也很有可能是一块绿松石。绿松石的珍贵程度由此可见一斑。国际上对绿松石还有"东方绿宝石"的美誉。

当然，绿松石的珍贵，还在于它特有的功效和作用。

风水作用：在屋内摆放绿松石摆件或悬挂几颗绿松石可保障整个家庭和谐安乐，还可保护财富、兴旺门户。另外，绿松石也可作为护身符、平安符佩戴，逢凶化吉，防止邪气的骚扰，保佑诸事平安顺利、身体健康、心情愉悦。

心理作用：绿松石可调和人的情绪和心理状态。绿松石能给人带来勇气和信心，和谐人际交往，促进佩戴者心态的平和稳定，从而保持健康开朗的心境，使人始终充满正能量。

生理作用：佩戴绿松石对人体健康大有裨益。绿松石和其他玉石一样，含有许多对人体有益的微量元素。长期佩戴绿松石可强身健体，有很好的保健效果。绿松石对癫痫病、精神病有一定的疗效。绿松石入药，可祛除风寒，化解瘀血，清热解毒，消炎止血，降低血压。绿松石还能促进细胞再生，增强人体免疫力。

灵性作用：绿松石的灵性作用很广泛，在各国都倍受推崇。藏族人认为绿松石有着无与伦比的神力，经常用来制作佛教用品。在印第安人眼中，绿松石因其碧蓝的颜色，被视为碧海蓝天的精灵，象征着无限的幸运和吉祥。如今国际上将其定为十二月生辰石，寓意成功和胜利，是"成功之石""幸运之石"。

2. 收藏价值

天然优质的绿松石价值最高，是收藏的首选。目前市场上的绿松石价格为每克 40 元到 80 元不等，材质极佳的天然绿松石的价格能达到每克两三百元，甚至上千元。而人工优化处理过的绿松石一般不具备收藏价值。

色彩是影响绿松石的价值和质量的重要因素。天蓝色的优质绿松石价值最高。作为翡翠替代品的是致密的绿色绿松石，它们经常被用来镶嵌成各种首饰。由于贵金属镶嵌的原因，密度、硬度、铁线等鉴别特征都变得不够实用，重要的在于考察首饰用石的光泽、颗粒度特征。

绿松石以其温婉神秘的色泽，受到越来越多人的青睐，如今随着开采量的增加，绿松石日渐减少，所以在未来绿松石的价值还有更高的提升空间。

五、绿松石鉴赏

1. 鉴赏标准

绿松石的鉴赏标准主要包括以下几个方面：

产地：绿松石的产地是衡量绿松石价值的一个重要的评价标准，不同产地的绿松石内含元素不同、特征不同，稀有性也不同，因此价值会有相当大的区别。

颜色：绿松石的颜色有蓝色、浅蓝色、蓝绿色、绿色、黄绿色、浅绿色等。自然形成的颜色一般分布不是特别均匀，而且一般都有铁线，没有瑕疵的绿松石很少见，即使是同一串手链中，珠子之间的颜色也会有所差别。而染色绿松石的颜色非常鲜艳和统一。

2. 相似鉴别

三水铝石：一种与绿松石共生的矿物，与绿松石的主要区别为：它的颜色比较浅，很难达到天蓝色；有玻璃光泽，与绿松石的蜡状及土状光泽不同；

脆性较大，极易崩落，而绿松石则韧性较大；三水铝石硬度较低，具泥土臭味，密度低于绿松石。

硅孔雀石： 是一种在外表上与绿松石极相似的矿物。主要区别为：硅孔雀石较绿松石颜色更鲜艳；透明度较高；折射率较低；密度和硬度相对较低。

蓝绿色玻璃： 主要区别是其具有的玻璃光泽、贝壳状断口，以及内部可能见到的气泡和旋涡纹。

再造绿松石： 由一些绿松石微粒、蓝色粉末材料在一定温度和压力下压制而成。可以通过以下方法进行鉴定：外表像瓷器，有明显的粒状结构；因含铜化合物而呈蓝色，铜盐能在盐酸中溶解；如将酸滴于表面，用白棉球擦拭会掉色。

3. 真假鉴别

火烧： 真正的绿松石经过火烧之后会变黑，及时擦除不会留下任何痕迹，而沁胶和注胶优化过的绿松石最明显的特征是当火焰一接触到绿松石的表面时，会有很明显的火焰加大和发蓝的现象，并且散发出一股难闻刺激的气味。

泡水： 绿松石含有丰富的铜铁元素，水的沁入会使原矿绿松石颜色变深，而注胶优化过的绿松石则完全没有反应。不过，原矿绿松石中一些高瓷结构致密的绿松石在浸水的时候变色会非常缓慢，甚至也不变色。所以泡水变色法适用于那些结构稍松散的绿松石，对于高瓷致密的绿松石并不适用。结构比较松散的原矿绿松石不仅变色快，还会在表面出现非常多的气泡。

触感： 绿松石吸水性强，经水泡后，用手触摸，摸上去略有些黏手，但又不会太黏手，说明是天然绿松石。如果摸上去感觉跟摸双面胶差不多，就说明是注过胶的。

铁线： 有些极品绿松石没有铁线，有些人工绿松石也可以做出铁线的效果，但真正的绿松石铁线是往内凹的，而人工制品则是往外凸的。天然绿松石的纹路清晰，没有规则，自然而又内敛。

第十七章　欧泊　Opal

　　欧泊，英文名 Opal，源于拉丁文 Opalus，意思是"集宝石之美于一身"。欧泊的别称有澳宝、闪山云、蛋白石，属非晶质结构。它的矿物成分是多水二氧化硅，莫氏硬度为 5 ～ 6。玻璃至树脂光泽。欧泊具有变彩效应和猫眼效应（稀少），呈透明、半透明至不透明，可出现各种体色，白色体色可称为白蛋白，黑、深灰、蓝、绿、棕色体色可称为黑蛋白，橙、橙红、红色体色可称为火蛋白。高质量的欧泊被誉为宝石的"调色板"，以其具有特殊的变彩效应而闻名于世。欧泊被定为金秋十月的生辰石。澳大利亚人称其为"沉积的宝石"；东方人把它看作代表忠诚精神的"神圣宝石"；因为它清澈的表面暗喻着纯洁的爱情，也被喻为"丘比特石"；而伟大的莎士比亚是这样赞美欧泊的："那是神奇宝石中的皇后。"（图 17-1）

图 17-1 欧泊

一、欧泊历史

澳大利亚是欧泊的主要产地，也是"世界欧泊之都"。

1840 年，德国地质学家约翰尼斯·曼奇教授在澳大利亚南澳州首府阿德莱德北部约 80 公里的安加斯顿发现了比较普通的绿色欧泊，这是人们第一次在澳大利亚发现欧泊。

1868 年，在布来考南面的利斯托威尔车站，人们发现了真正贵重的欧泊。

1871 年，在南部的一个名叫奎尔派的小城，澳大利亚历史上第一个有登记许可的欧泊矿正式挂牌，标志着澳大利亚欧泊开采的真正开始，历史上称其为"令人骄傲的山脉"。

1873 年，大量珍贵的欧泊在伯克罗区的山上被发现，很快被世人所知并称其为"伯克罗"欧泊。

当时，一个名叫霍伯特·邦德的企业家试图努力将欧泊推向国际市场，但是没有成功。

直到 19 世纪 70 年代末，开矿先锋乔·布莱德开采出欧泊结合矿，再由图雷·库仑斯韦特·沃雷斯顿于 1890 年把它带到伦敦，才从真正意义上开启了澳大利亚欧泊的产业历程。

1899 年，瓦埃特克里佛斯逐渐成为世界主要的欧泊产地，出产浅色欧泊、深色欧泊以及水晶欧泊，并远销世界各地。

同年，其他国家的欧泊采购商纷至沓来，经过危险而漫长的旅程进入澳大利亚内陆购买瓦埃特克里佛斯出产的欧泊。不过，到了 1914 年，随着第一次世界大战的爆发，那里几乎停止了欧泊的商业开采。

后来，在新南威尔士州的莱顿宁瑞奇，一群在墨累河边玩耍的小孩无意中发现了一种深色欧泊，很快这里成了一个新的欧泊基地。全澳大利亚四分之三贵重的深色欧泊都出产在这里，并一直延续至今。

　　1915 年，一位 14 岁的男孩威利·哈奇森在澳大利亚南澳州的斯答特瑞奇偶然发现了欧泊。这个偶然发现使周边迅速形成了一个 "库柏佩迪"小镇，并且成了世界上规模和产量最大的欧泊开采基地。这也就是后来被大家称之为"世界欧泊之都"的地方。

　　另外一个著名的矿区也在南澳洲，叫艾美罗凯，它位于库柏佩迪西北面 240 公里、阿德莱德以北 520 公里处，是由一位采矿专家于 1921 年发现的。

　　曼塔比在托伦斯湖的西岸，是 1930 年发现的矿区，也是从 1985 年到 1989 年全澳大利亚产量最大的出产地。

　　对于欧泊基地的探索在澳大利亚从来没有停止，莱顿宁瑞奇西面的科科伦、南澳北面的兰毕纳和赫伯尔的陆续发现，让澳大利亚的欧泊开采工业被持续看好地进入到了 21 世纪。

　　二、 欧泊文化

　　古罗马自然科学家普林尼曾说："在一块欧泊上，你可以看到红宝石的火焰，紫水晶般的色斑，祖母绿般的绿海，五彩缤纷，浑然一体，美不胜收。"

　　人类的祖先用欧泊代表具有神奇力量的传统和品质，欧泊能让它的拥有者看到未来无穷的可能性，人们相信它有魔镜一样的功能，可以装载情感和愿望，释放压抑。

　　在古罗马时代，欧泊象征彩虹，能带给拥有者美好的未来。因为它清澈的表面暗喻着纯洁的爱情，它也被喻为"丘比特石"。

　　在古希腊，它们则被认为能赋予主人以预感和预见未来的力量。约瑟芬皇后有一颗叫作"特洛伊燃烧"的宝石，因其令人眼花缭乱的变彩而得名。从此以后，关于欧泊的赞歌源源不断。

　　东方人更加尊重欧泊，把它看作代表忠诚精神的"神圣宝石"。欧泊"用欢乐充满了众神的心"，是"希望的锚"。

阿拉伯人相信，欧泊石是从闪闪发光的宇宙中掉下来的，这样才获得了它神奇的颜色。

在 7 世纪，伊丽莎白一世时期的伟大文人们，大都在欧泊最热情的崇拜者之列。

关于欧泊的美，艺术家杜拜给予了富有诗意的描述："当自然点缀完花朵，给彩虹着上色，把小鸟的羽毛染好的时候，她把从调色板上扫下来的颜料浇铸在欧泊石里了。"

伟大的莎士比亚更是给予欧泊无比高贵的赞美，他曾在《第十二夜》中这样写道："这种奇迹是宝石的皇后。"

在中世纪，人们传说，罪恶的力量和疾病来自于有色彩的石头。

在 11 世纪，雷恩的玛博德教皇是这样描述欧泊的："它是盗窃者的守护神，在乌云密布的夜它给予偷盗者敏锐的视觉却挡住了其他人的眼睛。"也就是说，欧泊有罪恶的灵性，能够让人成为小偷、强盗而祸害社会。

在当时的传说中，欧泊常常会给人带来不幸。一位为皇家制作首饰的金匠就因为欧泊遭受了灾难。他在制作欧泊首饰时不小心损坏了昂贵的欧泊，国王觉得他的行为不可饶恕，于是就下令砍了金匠的手。从此以后，所有的工匠都认为这是欧泊惹的祸。

在 19 世纪，沃尔特·司各特写了一部名叫《盖厄斯坦的安妮》的畅销小说，在这本书里，女主人公有一块能反映她每种情绪的欧泊。当她愤怒时欧泊石就闪烁着火红色，并且在她死后立即"燃烧成苍白的灰色"。于是，有些人开始相信，欧泊是不吉利的石头。

那时，欧泊的价值在短短半年中就一落千丈，整个欧洲的欧泊市场因此萧条了十年。

一些钻石商人认识到艳丽的欧泊会给他们赖以生存的钻石生意带来直接的威胁。因此，很多钻石商人就通过散布"欧泊与厄运联系在一起"的谣言来保护自己的生意。

幸运的是，由于当时一些知名人物变成了欧泊迷，他们把欧泊作为体面的礼物相互赠送，迷信最终消失。维多利亚女王就送给五个女儿每人一颗漂亮得惊人的欧泊。于是，欧泊又成为人们珍视的贵重宝石之一。

三、欧泊产地

1. 产地分布

欧泊是世上既美丽又珍贵的宝石之一，世界上 95% 的欧泊出产在澳大利亚。澳大利亚出产的欧泊有时也被称为"沉积的宝石"，这是因为它主要形成和出产于中生代大自流井盆地中的沉积岩中。

澳大利亚欧泊的种类比较全面，其中黑欧泊含水量比较稳定，不会因为温度、湿度变化发生任何性状改变，且深体色能更好地衬托欧泊变彩光学效果的特点，同时黑欧泊数量极其稀少且主产地产量呈逐年下降的趋势，因此是国际上公认的最具欣赏、投资价值的欧泊品种。另外，还有墨西哥、巴西、埃塞俄比亚等国，也出产欧泊。

2. 品种分类

天然欧泊是直接开采出来，未经过人工处理的纯天然的宝石原石。我们所称的原欧泊是在天然欧泊的基础上经过切割、打磨、抛光后成为可以欣赏的宝石。原欧泊分以下几种：

黑欧泊： 黑欧泊出产于澳大利亚新南威尔士州的莱顿宁瑞奇，是最著名、最罕见和最昂贵的欧泊品种。黑欧泊并不是指它完全是黑色的，只是相比胚体色调较浅的欧泊来说，它的胚体色调比较深，在深色的胚体色调上会呈现出明

亮的色彩。（图 17-2）

白欧泊：也有人把它叫作"牛奶欧泊"。白欧泊呈现的是浅色的胚体色调，主要出产在澳大利亚南澳洲的库伯佩迪。白欧泊胚体色调比较浅、出产量大，相对普通一些。白欧泊不能像黑欧泊那样呈现出对比强烈的艳丽色彩，然而色彩十分漂亮的高品质的白欧泊也时有发现。（图 17-3）

晶质欧泊：晶质欧泊的胚体色调是透明或半透明的，人们甚至可以透过晶质欧泊看到背后的其他物品。晶质欧泊可以有深色和浅色的胚体色调，所以我们根据胚体色调的深浅不同把它们称作"晶质黑欧泊"或"晶质白欧泊"。（图17-4 ）

火欧泊：火欧泊分为"火山型"欧泊和"沉积型"欧泊。"火山型"欧泊

图 17-2 黑欧泊裸石　　　　　　　　　　图 17-3 白欧泊裸石

主要产自硅质火山熔岩溶洞中；"沉积型"欧泊主要产自澳大利亚沉积型矿床。

之所以称之为"火欧泊"是因为它的色彩像"火焰"一般，呈橙色、橙红色、红色。接近火焰颜色的橙至红色调、透明度较好的欧泊，都可以称之为"火欧泊"。（图17-5）

火欧泊价值高低取决于色泽的艳丽程度，颜色越接近火焰的颜色就越有收藏价值，以红色为贵，越红越好，其次为橘红色、黄色。顶级的火欧泊色泽艳丽如同燃烧的火焰，并具有极高的透明度和色彩的协调性。"火山型"欧泊颜色十分稳定，不容易发生改变。

砾石欧泊：砾石欧泊主要出产在澳大利亚昆士兰州。这种能呈现色彩的欧泊附着在无法分开的铁矿石上，只能与铁矿石连在一起被切割，很薄的彩色欧泊包裹在铁矿石表面。深色铁矿石的映衬使砾石欧泊的颜色看起来十分美丽。砾石欧泊有不同的形状和尺寸，小的如同豌豆，大的可以如同轿车。因为它基于铁矿石的关系，所以烁石欧泊比其他欧泊更坚硬。有时整块砾石欧泊在结合处有天然的裂口可以将它分成两半，那就有了两个好像抛光过的欧泊表面。矿石切割过程中也常会毁坏砾石欧泊的薄表面层。

图17-4 晶质欧泊裸石

图 17-5 火欧泊裸石

四、欧泊价值

1. 价值评价

欧泊集宝石之美于一身，象征彩虹，带给拥有者美好的未来。

古人认为，欧泊就是带来好运的护身符。人们相信欧泊如同魔镜一般，可以装载情感和愿望、释放压抑。古希腊人相信欧泊给人深谋远虑和预言未来的力量。在阿拉伯传说中，欧泊被认为可以让人感觉到天空中的闪电。罗马人则认为欧泊会带来希望和纯洁。

2. 收藏价值

黑欧泊是欧泊中的"皇族"，是欧泊中价值最高的品种。高品质的黑欧泊比钻石更有价值。由于亚洲地区人们的审美偏好，黑欧泊火彩的亮度对其价格的影响也非常大，亮度等级越高其价格往往呈几倍上升。另外，黑欧泊的储量远远小于钻石的储量，且开采量呈现逐年递减的趋势，因此黑欧泊的价格一直稳定上涨。

砾石欧泊作为黑欧泊的姊妹宝石鲜为人知，虽然它们具有同样漂亮的色彩。因为砾石欧泊是薄薄地包裹在铁矿石上的，整个砾石欧泊包含了很多铁矿石的重量，所以每克拉砾石欧泊的价格要比黑欧泊便宜。精明的商人销售砾石欧泊都用克拉作为单位，并且在切割时尽量在欧泊背面留下很多铁矿石来增加重量。

五、欧泊鉴赏

1. 鉴赏标准

欧泊的鉴赏标准主要包括以下几个方面：

胚体色调：是衡量欧泊价值的重要因素之一。胚体色调是指整颗欧泊的通体色调和颜色，范围是从黑色到乳白色。通常具有黑色或深色胚体色调的欧泊比浅色或乳白的更有价值。

明亮度：是欧泊呈现的颜色的亮度和清晰度。当从正面观察欧泊时，色彩的明亮度可分为鲜艳、明亮、柔弱或暗淡等级别。

图案：欧泊的色彩片段可组成图案，使得每一颗欧泊都很独特，色彩图案的优劣同样决定着欧泊的价值。上面有十分清晰的图案，如花海、旋转、闪电和火焰等，欧泊价值就更高。反之图案比较模糊，像苔藓和草之类的，欧泊价格就较低。

色块：由于形成的地质原因不同，砾石欧泊就是由于欧泊中蛋白石和色块的组成比例特殊而形成的，色块成为主要组成部分，只包裹很薄的一层蛋白石。色块就是蛋白石石体中闪光的各种不同颜色的晶体。蛋白石的形态也决定了欧泊的外形，蛋白石越厚，欧泊的尺寸越大，所以欧泊的厚度也是衡量价值的重要因素。

变彩：由于本身所含硅球体排列的结构，欧泊依靠对白光的衍射呈现不同的色彩和明亮度。红色欧泊通常比绿色欧泊更有价值，而绿色欧泊又比蓝色欧泊更有价值。

瑕疵：各种各样的瑕疵会减弱欧泊的价值，诸如明显的裂痕、细裂纹、砂眼、劣质欧泊线、灰线和气泡，含有其他矿物杂质等都会使欧泊变得没有价值或让欧泊贬值。

2. 真假鉴别

人造欧泊和天然欧泊有着相同的成分和构造。折射率通常为 1.44 左右，密度大约在 2.00。人造欧泊的紫外荧光基本上和天然欧泊一样，但人造欧泊没有 X 射线荧光。

人造欧泊最突出的特征是它的构造。通常在穿过其表面的镶嵌图案中会有好的变彩。在这种镶嵌图案的内部有蜂窝状、蛇皮状或类似鱼鳞状的构造。虽然这种构造在人造黑欧泊和人造白欧泊中都很明显，但在人造白欧泊中由于缺少参照而不容易被看见。

人造黑欧泊在顶光照射时，经放大就可看见其中的这种构造，用背光也能找到这种构造。方法如下：用背光照该宝石，把显微镜的可变光圈调到正好被宝石盖住的开度，然后打开底部光的挡板，这样就有了一个明亮的背景便于观察。

区别欧泊与仿制品的方法有：

二层石和三层石：无论是黑欧泊或白欧泊，其变彩都仅在宝石表面薄薄的一层中浮现，这样就为制造欧泊二层石和三层石找到了契机。其方法是将有变彩的白欧泊薄片，黏合在无变彩的灰色蛋白石上；或将有变彩的黑欧泊薄片，黏合在纯黑色的玛瑙上，这样就制成了白欧泊和黑欧泊的二层石。因为黏合时选用的是变彩颜色多且鲜艳的真欧泊薄片，所以制成的二层石非常美观，看起来与天然的优质欧泊完全一样。

识别二层石最好的方法是观察宝石的侧面。二层石的侧面有颜色突变之处，即上部薄层有美丽多变的变彩，可经过侧面中部某一界线后，一切变彩都突然消失了，变成了毫不美观的灰白色或黑色。变彩突然消失处的界限，就是黏合之处。用放大镜或显微镜细心观察，可以看出接缝线。为遮掩上述缺陷，造假者常常在镶嵌宝石时，故意将二层石欧泊的侧边隐藏在首饰的底托中，使顾客或鉴别者无法观察宝石的侧面。

还有，天然欧泊在琢磨成半球形的弧（素）面石后，必然有很大的凸度。而二层石的上层欧泊为一薄片，要磨成凸度似半球的弯曲状，则需要大而厚的原料，这样就达不到制造二层石省料或利用薄料的目的；同时磨半球状薄片极易破碎，加工难度也太大。因此，二层石欧泊的上层表面都很平坦，或仅略凸出，不会像天然欧泊那样高高凸起像个小馒头。

还可以在强烈的灯光照明下，用放大镜透过宝石表面，看内部有无黏合面处的气泡。气泡有时看起来像压扁了的圆饼状，有时则是一粒粒独立的闪光的圆球。这都是二层石的标志。

另外，用强光透射过欧泊宝石，在另一头用放大镜观察，如果宝石是均匀半透明的，可认定是整块的天然欧泊而非二层石。

三层石是在二层石的表面再加黏一层凸面的水晶薄片，目的是保护中层有变彩的欧泊薄片不被磨损或划伤。关于三层石的识别方法同二层石一样。

加黑欧泊：加黑欧泊是将劣质且块度较小的欧泊原石，用人工方法加入碳质使底色变黑，以衬托不佳的变彩使之更鲜艳。具体方法大致如下：先将欧泊原石泡在油中，然后适当将油烧去，再浸入蔗糖溶液中，并加入浓硫酸使糖碳化，让碳质留在欧泊中以使基色变黑。这样处理过的欧泊原石，有粒状的纹理，但不能精细地抛光。

塑料欧泊：用塑料制成的假欧泊，外观看起来也有变彩，但变彩较呆板。塑料密度仅略大于1克每立方厘米，真欧泊密度是2克每立方厘米，比前者重一倍。此外，塑料非常软，用指甲都能将它划伤。欧泊的硬度最低值是5，指甲绝对划不动。

假火欧泊：冒充火欧泊的假货，有塑料制品和玻璃品。由于火欧泊没有变彩，颜色只是美丽的火红色或橙色，如果将塑料或玻璃制品做成类似的颜色，看起来与火欧泊就很相像。

火欧泊的密度是 2 克每立方厘米；玻璃比它的密度要大，为 2.4 克每立方厘米或更高；而塑料比欧泊轻，如电木仅为 1.26 克每立方厘米。

火欧泊的折射也比塑料和玻璃小。欧泊折光率约 1.45，而玻璃和塑料则在 1.5 以上。

对于半球形的弧（素）面石，将宝石投入折光率为 1.46 的液体四氯化碳中，如果宝石是玻璃或塑料品，其边缘和棱面会出现清晰的黑边。

3. 欧泊的保养

由于欧泊的成分是多水二氧化硅，不宜长期暴露在极干燥环境下，否则容易造成失水褪色。

欧泊石的硬度较低，在存放时应用软布包起来存放，避免与其他首饰产生磕碰。

清洗欧泊时，最好用温水或中性洗涤剂浸泡几分钟，再用软布擦干。

第十八章　珍珠　Pearl

　　珍珠，英文名 pearl，由拉丁文 Pernulo 演化而来，它的另一个名字 Margarite 则由古代波斯梵语衍生而来，意为"大海之子"。珍珠是一种古老的有机宝石，主要产在珍珠贝类和珠母贝类软体动物体内由于贝类的内分泌作用而生成的含碳酸钙的矿物（文石）珠粒。在中国古代文献中有龙珠、蛇珠、鱼珠、蛟珠、龟珠之称。国际宝石界将珍珠列为六月生辰的幸运石，结婚 13 周年和 30 周年的纪念石。珍珠、玛瑙、水晶及玉石并称为中国古代传统四宝。日本人认为珍珠是"神女的眼泪"。具有瑰丽色彩和高雅气质的珍珠，象征着健康、纯洁、富有和幸福，自古以来就为人们所喜爱，被誉为"宝石皇后"。（图 18-1）

图 18-1 珍珠裸石

一、珍珠历史

民间传说，珍珠是天神怜悯人间苦难流下的泪水。无论东方还是西方，关于珍珠的传说大同小异，都有类似于"露滴成珠""神女的眼泪"以及"鲛鱼的眼泪成珍珠"的说法。

据考古研究，珍珠在地球上已经存在了2亿多年。当处于懵懂文明时期的人类第一次在海岸、河流看见珍珠时，它就以纯天然的美态打动了人们，成为人类远祖炫耀、品鉴的珍宝。

在中国，据《海史·后记》记载，大禹规定的各地贡品中有"东海鱼须鱼目，南海鱼革玑珠大贝"。儒家名典《尚书·禹贡》中也有"淮夷嫔珠"的记载，说明在公元前2000多年前，淮水、夷水等地就已经出产淡水珍珠，并成了呈奉给贵族的贡品。

战国时的秦昭王更是对珍珠情有独钟，称之为"器饰宝藏"之首。后来，珍珠与玛瑙、水晶、玉石一起成为古中国的"传统四宝"。

明代著名科学家宋应星在被欧洲学者誉为"技术的百科全书"的《天工开物》中记载："凡珍珠必产蚌腹，映月成胎，经年最久，乃为至宝。"

明代著名的医学家李时珍在其名著《本草纲目》中也有"龙珠、蛇珠、鱼珠、蛟珠、龟珠"等记载，并详述了这些贝类以外的动物珠的生长部位。

据《爱月轩笔记》记载，慈禧棺内铺垫的金丝锦褥上镶嵌的珍珠就有12604颗，遗体盖的丝褥上铺有一钱重的珍珠2400颗，价值132万两白银；遗体头戴的珍珠凤冠顶上镶嵌的一颗珍珠重达4两，大如鸡卵，价值2000万两白银，而棺中铺垫的珍珠尚有几千颗，仅遗体上的一张珍珠网被就有珍珠6000颗。

在西方和印度，珍珠作为顶级珠宝也有几千年的历史。大约在4000年前，阿拉伯人就已经开始采集珍珠。经阿拉伯人的传播，珍珠被先后带到了埃及、印度等地。

大约在公元前 200 年，埃及的贵族着手尝试用珍珠点缀饰物。十字军东征时期，欧洲人带回了许多的珍珠。随后数世纪，珍珠被贵族、武士用作自己的饰物，之后则演变成皇室专用的珍宝。1612 年，萨克森公爵公布了一条法律，禁止贵族、专业民众及平民搭配珍珠，仅有帝王之家才能够有此特权。

珍珠之所以能获取人类如此的欢迎，除了它与生俱来的美丽外，一系列关于珍珠的神秘记录也为它增添了别样的色彩。

《圣经》在开篇"创世纪"中记录：从伊甸园流出的比逊河里有珍珠和玛瑙。佛教的《法华经》《阿弥陀经》也说珍珠是"佛家七宝"之一。宗教是人类的一类精神寄托，它对珍珠的推许与描述加深了众多人对珍珠的追捧之情。

罗马人将珍珠的诞生与美神维纳斯联系在一起，名画《维纳斯诞生》中，女神伴随着一扇徐徐张开的巨贝一点点地浮出海面，身上流下的水滴顷刻变成粒粒圆润的珍珠，栩栩如生。

古印度人认为珍珠是海底的贝浮到海面上，吸收了上天的甘露孕育而生。在大多数西方人眼中坚韧的钻石是太阳和君主的代表，圣洁无瑕的珍珠就是月亮和王后的代表。

珍珠首饰是欧洲贵族们最为推崇的装饰品之一。英国女王伊丽莎白一世就是珍珠的狂热爱好者，从英国皇室的肖像上可以看到她的衣着和首饰上都镶满了晶莹圆润的珍珠。而在英国王室的权杖和皇冠上也都装饰着作为帝王标志的珍珠。

时至今日，珍珠首饰更是集万千宠爱于一身。无论是英国前首相撒切尔夫人，还是美国前第一夫人南希女士，或是令世人扼腕叹息的戴安娜王妃，无不对珍珠的尊贵与优雅的气质青睐有加。

由于 19 世纪开始，波斯湾的珍珠产量锐减，天然珍珠的产量已经越来越无法满足人们的需求。随着人工珍珠养殖技术的推广与深入，养殖珍珠的产量与日俱增，终于使得珍珠由"旧时王谢堂前燕"，开始"飞入寻常百姓家"，成为珠宝首饰界的新宠。

二、珍珠文化

自古以来珍珠都被认为是人类的珍宝，是来自海洋的神物。珍珠在人们心中象征着贞洁、诚实、和平与美好。西方传说中，珍珠是月神的宝石，是月神的眼泪滴到蚌壳内而生成的。无论中外，都有许多关于珍珠的美丽神话。

中国，素有"珍珠之乡"的美誉，所以关于珍珠诞生的传奇更是多不胜举。在浙江诸暨，珍珠与中国古代美女西施融为一体，自古就有"明珠射体孕西施"的传说。故事说，月亮女神嫦娥拥有一颗巨大的珍珠。她十分珍爱它，时常带在身边，只在她外出时，让五彩金鸡守护。一天，嫦娥和吴刚溜到桂花树下私会，又将珍珠留给五彩金鸡。金鸡像平日一样，将珍珠抛来抛去，玩耍起来。金鸡玩得兴起，结果用力过猛，珍珠一下子弹出月宫，直落九霄云下，掉进浙江诸暨的浣纱溪里。金鸡大惊失色，振翅飞出月宫，紧追出来。没想到的是，这颗珍珠原来也是有灵性的，看到此地风景迷人，远胜寒冷的月宫，就死也不肯回去了。眼见金鸡追来，珍珠无处可逃，忽见溪边有一妇人浣纱，它急中生智，一下子跳出水面，径直飞入妇人的口里。金鸡飞来，站在苎萝山头，怎么也找不到珍珠，只好长鸣数声，回月宫受罚。妇人回到家中，当即怀下身孕，十六个月后生下一女，就是历史上的西施。

关于海水珍珠，还有一个传奇。传说在中国的南海里生活着鲛女，她们善织一种薄如蝉翼、滑若凝脂的绫绸，名叫鲛绡。鲛女们的集市叫作海市，就是人们通常所说的海市蜃楼中的"海市"，鲛女们往往在海市里彼此交换产品。人类如果穿上鲛绡所制的衣服，便能走进海市蜃楼中的"海市"，与鲛女同乐。传说鲛女是月亮女神嫦娥的侍仆，因为做错事才被嫦娥罚到海里织绡。每逢月圆之夜，她们常常站在峭石上，遥望月亮，伤心落泪，落下的泪水便是珍珠。面对如此美丽的传说，唐朝诗人李商隐有感而发，起笔写下千古名句"沧海月明珠有泪，蓝田日暖玉生烟"。

在中国历史上，有两件宝贝常被诸侯们争来夺去：一是"和氏璧"，二是"隋侯之珠"。与珍珠有关的最感人故事恐怕莫过于"隋侯之珠"了。《韩非子》记载："和氏之璧，不饰以五采；隋侯之珠，不饰以银黄，其质其美，物不足以饰之。"《吕氏春秋》中也用"隋珠弹雀"比喻大材小用，可见隋侯之珠的故事在古代流传甚广。

传说春秋战国时西周隋侯（封地在今湖北一带）在出巡封地时，一日行至渣水，忽见山坡上有一巨蟒身受刀伤，奄奄一息。隋侯望着巨蟒，恻隐之心大动，遂动手为其敷药治伤。巨蟒伤愈后，围着隋侯马车连转三圈，依依惜别。隋侯出巡归来，走至渣水时，忽见一少儿拦路献珠。隋侯细问原因，少儿只字不说，隋侯拒绝接受。

第二年，隋侯又一次出巡渣水，忽然梦到那个曾经拦路的少年，说他原是那条受伤的巨蟒，一心感念他的救命之恩，只是无以为报，特将冠上明珠献上，望他收纳。隋侯醒来，果然见到身边有一颗稀世珍珠，大为惊奇，于是将其随身携带。

"隋侯之珠"反映了中国人的"知恩必报"观念。一条蟒蛇尚且知恩必报，何况人呢？在这里，我们可以看到，古代中国人已将作为财富的珍珠与道德品质结合起来，从而使宝珠焕发出一种人性的光辉。

很久以前，古人就发现了珍珠的医用价值。五代的《海药本草》、明代的《本草纲目》等各朝各代医药古籍中都清楚记载了珍珠在医学上的应用。不过，珍珠最让女人动心的还是它奇特的养颜效果。

最先把珍珠用于驻颜的是西晋人，随后，这样奢侈的驻颜术风靡于历代宫廷贵妇之中。唐代女皇武则天长时间用珍珠粉内服外敷，直到老年面部肌肤还细若凝脂。

而清朝的慈禧太后更是数十年如一日地服用珍珠粉，还专门在宫内聘请了研制珍珠粉的御医。其贴身侍女德龄公主后来回忆说，老年时的慈禧，仍然有白嫩平滑如少女般的肌肤。

具有瑰丽色彩和高雅气质的珍珠，象征着健康、纯洁、富有和幸福。今天，珍珠依然是世界上最流行的珠宝之一，被人们称为"宝石皇后"。

三、珍珠产地

1. 产地分布

数千年以来世界上最好的珍珠都产自波斯湾。但是，今天波斯湾的采珠人越来越少了，已步入行业暮年的他们仍遵循着千年不变的传统。

法国的巴黎大街一直以来都是珍珠价格最高的地方。20 世纪 20 年代的巴黎是艺术和文学中心，也是世界的珍珠之都。买珍珠的人来自世界各地，有南美、葡萄牙、西班牙和中东等很多地方的商人，人人都知道应该到巴黎的什么地方买什么样的珍珠。

1930 年，珍珠贸易受到了重大打击，这一年华尔街股市的崩溃为珍珠业最兴盛的时代画上句号。两年之内珍珠的价格下降了 90%，而且，这时市场上出现了人工培育的珍珠，从此人工培育的珍珠便取代了天然珍珠。

今天世界上最精美的养殖珍珠来自日本的樱榆湾，但在 19 世纪那里还是天然珍珠的产地。那时天然珍珠的数量每年都在减少，从海里采集几千个珠蚌才能得到一颗珍珠，这个问题引起了人们的注意。为了拯救日本的珍珠业，三十二岁的御木本幸吉经过二十年的不断试验，第一颗人工培育的珍珠在 1905 年诞生了，这颗珍珠和天然珍珠几乎没有区别。御木本在东京的银座开了第一家人工培养珍珠店，并在 1921 年打入国际市场。他宣布："希望全世界的每一位女士都能带上珍珠项链。"目前，人工培育的珍珠已占据了 95% 的珍珠市场。

"珠还合浦"是千古流芳的中国古代典故，说明合浦在数千年前就已经是全国闻名的珍珠产地。合浦自汉代设郡，人文历史悠久，现属于广西壮族自治区北海市。目前，我国的珍珠产地有广西合浦（海水珍珠），广东湛江，浙江诸暨山下湖（淡水珍珠），江苏渭塘，湖南洞庭湖，江西鄱阳湖万年县，黑龙江庆安，安徽宣城、南陵、当涂，台湾等地，2008 年中国的年珍珠总产量达到1400 吨（根据中国珠宝玉石首饰协会公布的数据）。

目前，珍珠饰品的主要消费地是日本和欧美发达国家。虽然中国原珠和珍珠饰品的出口量已经占到全球总产量的 90% 以上，但是大部分是以原珠供应日本，或以珍珠串等半成品的方式经由香港深加工，只有小部分直接分销到全球其他地区。

2. 产珠贝类

珍珠贝：暖海底栖贝类，左右壳大小不等，左壳常比右壳大，壳之长宽高略相等，通常长为 6～7 厘米，大者可高于 10 厘米。

褶纹冠蚌：淡水底栖贝类。壳近三角形，前部短而低，前背缘冠状突不明显，后背缘向上斜伸出，为大型的冠。壳顶有数条肋脉。

四、珍珠价值

1. 价值评价

珍珠是上帝赐给人类的一份礼物，珍珠的美丽和纯净使它们成为幸运、美德和智慧的象征。

珍珠浑圆光洁、色彩柔和、清丽，是唯一一种来自活生物体中的宝石。它由珠蚌孕育而成，但并不是每个珠蚌都能产出珍珠。珍珠是偶然形成的，是大自然的杰作，只有当沙子或寄生虫被急流冲进珠蚌内时才会形成珍珠。珠蚌能存活三十年，但形成一颗豌豆大小的珍珠就要十年之久。

由于它的稀有和美丽，珍珠一直是高贵女士们的钟爱饰品。伊丽莎白女王对珍珠的热爱无人能及，这位大英帝国的女王常常在公开场合佩戴奢华的珍珠饰物，她甚至雇用了几十名裁缝和仆人，来保养三千多件缀满了珍珠的长袍。

珍珠药用在中国已有 2000 余年的历史。《名医别录》《本草经集注》《海药本草》《开宝本草》《本草纲目》《雷公药性赋》等多种医药古籍，都对珍珠的疗效有明确的记载。

2. 具收藏价值的珍珠的品类

无论在人类的珠宝史、艺术史或是佩戴者的个人传记中，女人与珍珠之间的故事都可以占据一个独特的章节。几个世纪以来，爱珍珠的人们为了珍珠不惜付出巨额的金钱以及极大的代价，而收藏珍珠不仅仅是对于美的追求，也是一项非常聪明的投资。而今，相对于市面上的珍珠有下面几种值得收藏的品种。

南洋白珍珠：产地在澳洲一带的海域，这是世界上少数污染极少的海域之一。南洋白珍珠也是世界上最大型最珍稀的珍珠种类，一般直径可达 10～15 毫米，最大的可以达 17 毫米左右。史上最大的南洋珍珠的直径是 21 毫米。南洋珍珠主要有白色跟金色两种天然颜色，白色的更珍稀，也更具有收藏价值。

南洋白珍珠的海水母贝主要是金唇贝、白蝶贝（又名大珍珠贝）和黑蝶贝，而白蝶贝只能从海洋捕捞。南洋白珍珠的母贝比马氏贝及淡水族珍珠的母贝大许多，因此南洋白珍珠的直径一般都大于 10 毫米。因为这种母贝稀少且比较灵敏，海洋捕捞难度大，培植难度大，培植周期长，至少需要 5～6 年的养殖时间，所以南洋白珍珠也被称为"珍珠之王"。它的圆润、纯净、硕大、与生俱来的自然美和令人眩目的银白色光泽表现出无可比拟的高雅和浪漫，使其成为世界上很受欢迎的珍珠之一。澳洲南洋白珍珠只产于澳洲西北部海岸的极小部分地区。该地区人烟稀少，水质清澈，水温适宜，海湾开敞，台风罕至，优异的水域环境十分有利于出产最高品质珍珠的白蝶贝生活。得天独厚的自然条件，保证了澳洲南洋白珍珠的表面圆润光滑，不含任何杂质。它独特的银白色光泽令人眩目，银光之上还有一层闪烁的彩光，红润中透着粉彩，粉彩中透着绿蓝的光晕，来回转动流转，美艳而神秘。从表面折射出来的鲜明的光泽，连同内里透射出来的诱人的光彩，呈现出跳跃般明亮的反光。而更加难得的是，澳洲南洋白珍珠的美丽光泽是天然的。另外，由于南洋白珍珠的养殖周期长达6年以上，保证了南洋白珍珠的珠层厚度可达到2毫米，是日本珍珠的10到20倍。南洋白珍珠的稀有、硕大、美丽、耐久，让其堪称"宝石皇后"，也决定了它的昂贵。（图18-2）

南洋金珍珠：南洋金珍珠简称为"金珍珠"，金珍珠是一种海水养殖珠，是南洋白珍珠的姐妹。金珍珠产于白唇贝或金唇贝中，与南洋白珍珠有共同的特点，它的直径一般也可达到9～16毫米。这两种贝主要分布在缅甸、新几内亚、印度、日本、菲律宾、印度尼西亚、澳大利亚、中国、泰国等地，但是产量都很少。金珍珠一般与南洋白珍珠共生或伴生。印度尼西亚是世界上唯一独立养殖金珍珠的国家，该地的金珍珠颜色为淡黄色至金黄色。由于金色珍珠养殖难度大，生产数量极少，全球每年产量还不到100公斤，能够进入珠宝市场的金

图18-2 南洋白珍珠戒指

珍珠更是寥寥无几。1994 年印度尼西亚遭受强烈地震与海啸的袭击，造成金珍珠产量大幅度下降，从 1993 ～ 1996 年的 4 年中， 金珍珠价格暴涨 300%。

高品质收藏级的南洋金珍珠应具备如下条件：圆滑光滑，表皮无瑕，直径在 10 毫米以上，颜色如黄金般，有璀璨生辉的光泽，颜色饱和度越高，价值越高。

金珍珠的光泽迷人，转动珍珠看到的每一个面的光泽都是灵动的，从内而外地散发宝气，珍珠皮层的厚度也让金珍珠更加耐久珍贵。（图 18-3）

大溪地黑珍珠： 大溪地黑珍珠是南太平洋法属波利尼西亚境内盐湖的特产。因为出产黑珍珠的水域经常有鲨鱼出没，因此打捞珍珠十分困难和凶险。即使偶尔会发现异常珍贵的天然黑珍珠母体牡蛎，也很难开得出珍贵的黑珍珠，每打开 15000 只牡蛎才有可能找到一颗天然黑珍珠。

大溪地黑珍珠的培植很困难，是由一种只限生长于天然、无污染的法属波利尼西亚水域的稀有蚌类养殖出来的，培植过程很长而且母蚌易死亡，因此每颗珍珠都珍贵无比。黑珍珠的美在于它浑然天成的黑色基调上具有各种缤纷色彩，最美丽的是孔雀绿、浓紫、海蓝等彩虹色。这种具有强烈的金属感的光泽会随着珍珠的转动而变换。大溪地黑珍珠直径在 8 毫米以上，更具收藏价值。（图 18-4）

日本 Akoya 珍珠： 就是日本海水珍珠，Akoya 是日文的译音，中国谐

图 18-3 南洋金珍珠　　　　　图 18-4 大溪地黑珍珠

音为"阿古屋"，意思是指马氏贝，所以也可以说是由马氏贝所产的海水珍珠。日本珍珠有淡水珍珠和海水珍珠之分，只有日本海水珍珠才称为日本 Akoya 珍珠。Akoya 珍珠的大小一般直径在 5 ～ 9 毫米，极少一部分在 9 ～ 10 毫米，珠层厚度一般为 0.2 ～ 0.6 毫米。海水珍珠比淡水珍珠更为精圆，光泽更强，具有晶莹水润感。一个马氏贝一般只能收获 1 颗海水珍珠，产量比淡水珍珠少得多，高品质的 Akoya 珍珠比同等体积的淡水珍珠价值高 5 倍以上。Akoya 珍珠的颜色通常是白色，可见透粉、银蓝等伴色，另外还有银色、淡金色、香槟色、奶黄色、米色等。多半为圆形，越完美的圆形价格越高，如果带有粉红色的伴色价值更高。得天独厚的自然地理环境及海水温差的影响，使 Akoya 珍珠表面覆盖了一层优良的钙结晶，颜色光泽更加出彩，甚至在很暗的地方，高品质的 Akoya 珍珠仍然可以透过微弱的光照射发出很亮的光泽，所以 Akoya 珍珠也被称为"小灯泡"。

天然的 Akoya 珍珠表面很难达到绝对的镜面光滑，有均匀细小的生长结构，导致外观上表层会有细小的凹凸颗粒感，如果达到镜面光滑的，价格也会很高。（图 18-5）

中国海水珍珠： 中国海水珍珠就是中国南珠，具有 2000 多年的历史，从中国封建王朝开始，就一直是被列为供给皇帝以及宫内妃嫔的"贡品"。中国南珠的分布东起雷州半岛南至海南岛北部，西至防城区与越南边界的广大水域，还包括东莞、惠州、珠池等所产的海水珍珠，统属南珠家族。中国南珠与日本的 Akoya "阿古屋"珍珠都是由马氏贝所产出的海水珍珠。马氏贝本源于中国南海，20 世纪中叶日本人到中国培育珍珠，实践多年后终于发明了海水珍珠的插核养殖技术，并把当时采用的广西北海的马氏野生贝引进到了日本，因此日本 akoya 珍珠与中国南珠是同一个品种。我们通常称它为"合浦珠"，或 "Akoya pearl"。中国南珠的大小一般直径是 5 ～ 9 毫米，珠层厚度一般为 0.2 ～ 0.7 毫米，以透粉光和纯白为主。

图 18-5 日本 Akoya 珍珠

世界上历来有"西珠不如东珠，东珠不如南珠"之说法。中国南珠颗粒圆润、凝重结实、色彩艳丽，光彩迷人，在自然光下焕发七彩虹光，以精巧细腻的灵魂打动人心，被誉为国之瑰宝。在国际珍珠市场享有很高的美誉。也是国内外备受青睐的珍品。英国女皇皇冠上那颗如拇指大的璀璨珍珠就是广西北部湾沿海所产的正宗南珠。

马贝珍珠：是一种半边珍珠，也称 Mabe 珠、馒头珠和半圆珠。其特点是颗粒大，有极出色的光泽，呈纯净的银白色以及有光滑的表面。最小的珍珠直径也有 10 毫米，大的可至 17 毫米或更大，并有圆形、水滴形、椭圆形及心形等各种形状。

以上的每一种珍珠都有其独特的收藏价值。中国一直以来就有"七分珠，八分宝"的说法，当珍珠达到 9 毫米以上，已经是宝物的级别了，珍珠大小与价值有着很大的关系。天然海水珍珠可遇不可求，世上的每一颗天然珍珠都是独一无二的，也极其难得。

五、珍珠鉴赏

1. 鉴赏标准

珍珠可分为海水珍珠和淡水珍珠两种。海水珍珠有天然海水珍珠和海水养殖珍珠两种。淡水珍珠有天然淡水珍珠和养殖淡水珍珠两种。总体上讲，天然珍珠十分稀少，价格昂贵，尤其天然海水珍珠更为难得。

2. 养殖鉴别

天然珍珠与养殖珍珠

天然珍珠与养殖珍珠的鉴别方法归纳如下：

①肉眼或放大镜观察

天然珍珠质地细腻，结构均匀，珍珠层较厚，光泽强，大多呈凝重的半透明状，外形多数无规则，不一定是正圆；养殖珍珠大多为圆形、椭圆、水滴形等，直径比较大，珍珠层较薄，珠光没有天然珍珠强，表面常有凹坑，质地松散。

②强光检测

可通过强光观测珍珠是否有珠核和生长层。天然珍珠在强光下，看不到珠核与核层，也没有条纹状生长特征。而有核养珠可以看到珠核、核条带，大多数具有条纹状生长特征。

海水养殖珍珠与淡水养殖珍珠

海水养殖珍珠与淡水养殖珍珠的鉴别方法归纳如下：

养殖珍珠按珠核和异物的特征又可分为有核养珠、无核养珠。海水养殖珍珠大多为有核养珠，所以珍珠形状一般为正圆形。海水珍珠的光泽比较水润。淡水养殖珍珠大多为无核养珠（偶尔也会有有核养珠），所以淡水养殖珍珠的形状各异，有扁圆、椭圆、近圆、异形等，即使是上等珠也呈椭圆形或扁形，较圆的极少。淡水珍珠的光泽相对柔和一些。

不论是海水珍珠或者是淡水珍珠，大部分都有天然的生长瑕疵，完美的极少。极微瑕或者是看上去几乎无瑕的价值最高。

宝石级珍珠，按以下七个方面进行鉴赏：

光泽：在珍珠的评价中占据极重要的地位，它是决定珍珠品质的关键之一。

珍珠按光泽强度大致可分为四种：

①极品珍珠——极强光泽：海水珍珠的极强光泽标准是珍珠表皮反射光很明亮、锐利、均匀，映像很清晰；淡水珍珠的极强光泽珍珠标准是表皮反射光特别明亮、锐利、均匀，表面像镜子，映象很清晰。

②一级珍珠——强光泽：海水珍珠的强光泽标准是珍珠表皮反射光明亮，表面晶莹润泽、虹彩清晰，表面能见物体影像；淡水珍珠的强光泽标准是珍珠表皮反射光明亮、锐利、均匀，映象清晰。

③二级珍珠——中等光泽：海水珍珠的中等光泽标准是珍珠表皮反射光不明亮，表面基本能照见物体，但映象较模糊；淡水珍珠的中等光泽标准是珍珠表皮反射光明亮，表面能见物体映象。

④三级珍珠——弱光泽：海水珍珠的弱光泽标准是珍珠表皮反射光全部为漫反射光，表面光泽呆滞，几乎无映象；淡水珍珠的弱光泽标准是珍珠表皮反射光较弱，表面能照见物体，但映象较模糊。

形状：珍珠的形状主要分为以下四种：

①正圆珠：又称走盘珠、滚盘珠、精圆珠。长短直径差额小于 1%。

②圆珠：长短直径差小于长径的 1% ～ 10%。

③椭圆珠：长短直径差小于长径的 10% ～ 20%。

④畸形珠：又称异形珠，长短直径差大于长径的 20%。畸形珠有馒头珠、坠形珠、双子珠、母子珠、马牙珠、椭圆形珠、艺术珠等。

大小：珍珠的大小是决定珍珠价值的重要因素之一。因颗粒大小相差悬殊，价格也天差地别，珍珠越大价值越高，10 毫米以上珍珠极具收藏价值。但通常珍珠都比较小，珍宝界有"七珍八宝"的说法。1985 年，中科院海南热带海洋生物实验站养殖出一颗大小为 26 毫米 ×15 毫米的海水珍珠，它是目前中国最大的一颗海水养殖珍珠，被誉为"海水珍珠王"。

光度：珍珠表皮的光洁度是否完美也是影响珍珠价值的因素之一。海水或淡水珍珠的光洁度是指由珍珠表面瑕疵的大小、颜色、位置以及多少决定的表皮光滑、光洁的总程度。瑕疵包括沟纹、凹凸、斑点、气泡纹线、裂纹、凹坑、黑点、缺口、针尖等。珍珠的光洁度可分以下几种：

①极品珍珠——完美级：放大镜下观察珍珠表皮无明显瑕疵，珠皮结构紧致细腻，完美无瑕。

②一级珍珠——无瑕级：珍珠表皮光滑细腻，肉眼观察无明显瑕疵，完美无瑕。

③二级珍珠——微瑕级：珍珠表皮几乎无瑕，仔细观察可见极微细小的针眼或斑点。

④三级珍珠——小瑕级：有较小的瑕疵，肉眼易见。

⑤瑕疵级：瑕疵明显，占表面积的四分之一以下表皮特征。

⑥重瑕级：瑕疵很明显，占据表面积的四分之一以上表皮特征。

颜色：珍珠颜色包括体色和伴色两部分。体色是珍珠本身固有的颜色，它是由珍珠所含的微量金属元素决定的。伴色是由珍珠表面与内部对光的反射、干涉等综合作用形成的，叠加在珍珠本色之上。伴色也称为晕彩。一般来说珍珠的体色颜色越纯，伴色特征越明显，价值越高。

珍珠的体色分为白色、红色、黄色、黑色及其他5个系列。各系列包括多种体色及相对应伴色晕彩。

①白色系列：体色为银白色、纯白色、奶白色、瓷白色等，伴色以带有粉红色、金色等多色晕彩为上品。

②红色系列：体色为粉红色、浅玫瑰色、淡紫红色等，伴色以带有金色、紫色等晕彩为上品。

③黄色系列：体色为金黄色、橙黄色、米黄色、浅黄色等，伴色以金色纯

正无杂色为上品。

④黑色系列：体色为黑色、蓝黑色、灰黑色、褐黑色、紫黑色、棕黑色、铁灰色等，伴色以带有孔雀绿、浓紫、海蓝及各种深浅不同的灰色和彩虹色等为上品。

⑤其他系列：体色为紫色、褐色、青色、蓝色、棕色、紫红色、绿黄色、浅蓝色、绿色、古铜色等。

珠层厚度：只有海水珍珠具有珠层。养殖的有核珍珠，珠核外部的部分主要由碳酸钙组成并含有机物及水等多种微量元素，具同心层状或同心层放射状。从珠核外层到珍珠表面的垂直距离简称为珠层厚度。南洋珠珠层厚度为其他品种不可超越的，最大厚度达 2 毫米。

普遍的海水珍珠的厚度分级为：特厚 A > 0.6 毫米；厚 B > 0.5 毫米；中 C > 0.4 毫米；薄 D > 0.3 毫米；极薄 0.3 毫米。

珠形匹配度：主要是组成珠链的每粒珍珠的大小、颜色、形状、光泽、光洁度、钻孔的均匀度等。

3. 真假鉴别

浑圆美丽的珍珠深受世人喜爱，针对市场上常常出现一些假冒的代用珍珠，可以通过以下几种简易方法进行真伪鉴别：

齿磨法：代用珍珠表面较为光滑，如果用牙齿轻磨，会感觉滑溜；而天然珍珠的表皮是由一层层的碳酸钙覆盖而成，用牙齿磨就有沙沙感。这种方法轻易不要使用，因为牙齿会损伤珍珠表面。

眼观法：用肉眼或十倍放大镜观察，代用珍珠表面十分光滑；而天然珍珠表面一般都有些许不规则或瑕疵。代用珍珠是由塑料原料压模制成的，每颗都相当整齐；而珍珠的体色或晕彩每颗都会有少许不同。

称重法：海水珍珠的密度在 2.54 ～ 2.78 之间，淡水珍珠的密度在 1.77 ～

1.86 之间，而代用珍珠材质是塑料，密度为 0.95。因此，用手掂量时，能够感觉出代用珍珠较轻，而天然珍珠较重。

察孔法：天然珍珠质地较硬，在钻孔的地方，孔洞显得比较锐利；代用珍珠质地较软，在钻孔的地方，常呈现凹陷之形。

4. 珍珠与贝珠的鉴别

"贝珠"又称贝壳珠，贝珠不属于珠宝，没有珠宝等级，是一种仿制珍珠。市面上的贝珠分为两种：一种是由贝壳粉挤压滚制而成的，一种是用天然的海水贝壳打磨抛光而成的。贝珠的颜色丰富，可以根据需要在贝珠的表皮外层电镀颜色，包括有常见的银白色、金色、黑色，还可以镀出孔雀绿、孔雀蓝等最美的晕彩。

我们可以通过以下 5 种方法鉴别珍珠和贝珠：

重量：因为贝珠和珍珠的密度不一样，贝珠的密度要小于珍珠。同样大小的贝珠与珍珠相比，贝珠的重量要比珍珠轻许多。

色泽：天然珍珠的颜色透亮，带金属光泽等伴色。而贝珠的颜色是人工镀色，有种不自然的感觉，色泽比较凝重，呆滞。

光泽：珍珠，色泽非常自然、圆润，它的光泽是从内部发出来的，看起来晶莹剔透，随光转动光晕变幻莫测。贝珠的光泽是死的，无论从哪个角度看光泽都是呈平行的条纹状。

大小：珍珠因为是天然而成的，形状大小不好控制，因此世界上是没有两颗大小完全一致的珍珠的，都会有细微的偏差。而贝珠因为是人工成型，整条贝珠项链上的每一颗贝珠的大小都会非常一致。

外观：天然珍珠或多或少都会有一些瑕疵。珠皮较厚，轻微刮伤后用手抹一下就恢复珍珠原有的光泽。而贝珠是由人工制作的，因此外观瑕疵比较少。贝珠表皮很容易被划伤，佩戴时间久了会出现掉皮现象。

5. 珍珠的保养

珍珠属于有机宝石，在存放和佩戴时需特别注意，定期保养与呵护才能让珍珠始终保持艳丽的光彩。

珍珠的佩戴保养：

珍珠是由有机质和无机质两部分组成的。珍珠的无机质主要是碳酸盐，易受酸侵蚀；有机质易受酒精、乙醚、丙酮等有机溶剂侵蚀。对酸及肥皂、香水、发胶、指甲油、洗涤剂等化学品敏感，应避免与其接触。要经常用洁净的含硅油软布擦拭，以除去黏附在珍珠表面的灰尘和污垢。

因珍珠中含少量水，会因失水而变色和失去光泽，所以佩戴珍珠首饰时应避免曝晒，防止持续恒温烘烤。而且珍珠的皮层较薄，硬度是 2.5 ～ 4.5，所以在佩戴时，应避免与硬物特别是金属等剐蹭，避免与其他无机宝石、玉石相互摩擦，以免划伤皮层。

珍珠的收藏存放保养：

佩戴后的珍珠首饰存放前，应用清水清洗干净后用细软的羊皮将珍珠抹干再放入垫有柔软、干净绒布或绸绢的珠宝箱内，不宜放在塑料袋或塑料盒里密封保存。隔几个月便要拿出来佩戴，让珍珠呼吸新鲜空气。即使不佩戴也要拿出来再用羊皮擦拭一次，如长期存放在箱中珍珠容易变黄。

珍珠的修复再现珠光保养：

白珍珠表层变成暗淡的黄色。可用 1% ～ 5% 浓度的稀盐酸或过氧化氢溶液稍做浸泡。待其黄色外壳被溶解后，迅速将珍珠取出，用清水清洗擦干后，珍珠就可重放光彩。如果颜色变得很厉害，则将难以逆转。对发黑、无光、污损严重的珍珠也可用 10% 浓度的盐水浸泡，再用 3% 浓度的稀盐酸溶液洗涤，然后用清水漂洗，亦可恢复光泽。但以上方法需特别注意，切莫在稀盐酸中浸泡过久，以免珍珠遭到破坏。

第十九章　琥珀　Amber

　　琥珀，英文名 Amber，源自古代的阿拉伯语，意为"海上的漂流物"。琥珀的莫氏硬度为 2 ～ 3，成分为松脂化石，光泽为树脂光泽。在中国古代，人们认为琥珀是"虎死精魄入地化为石"，（也有认为琥珀是老虎流下的眼泪），所以又称其为"虎魄"。古希腊人认为琥珀是由太阳的碎片凝固形成的，所以琥珀被称为"海之金"。琥珀是一种透明的生物化石，由松柏科、豆科、南洋杉科等植物石化形成，有的内部包有蜜蜂等小昆虫，奇丽异常，故又被称为"松脂化石"。由于琥珀将动植物的生命封存于永恒的一霎间，又被形象地誉为"冰冻住的戏剧"。（图 19-1）

图 19-1 琥珀吊坠

一、琥珀历史

琥珀是一种透明的生物化石，是距今 4500 万～9900 万年前的松柏科、豆科、南洋杉科等植物的树脂滴落，掩埋在地下千万年，在压力和热力的作用下石化形成的。

由于琥珀将动植物的生命封存于永恒的一刹那，将它们当时的行为及所处环境等都记录了下来，人们不仅通过它可以研究几千万年前的动植物，了解原始生物的形态与生活习性，还可以从封存的气液包体中研究当时的大气等成分，甚至获取原始生物的 DNA 样本。

琥珀的形成共分三个阶段：①树脂从植物中分泌出来；②树脂被深埋地下并发生了石化作用，树脂的成分、结构和特征都发生了本质的变化；③石化树脂被冲刷、搬运、沉积及发生成岩作用从而形成了琥珀。

琥珀属于非结晶质的有机物半宝石，玲珑轻巧，温润细致。琥珀大都是透明的，颜色多种多样且富有变化，以黄色最为普遍，也有红色、绿色和极其罕见的蓝色。

公元前 2000 年，欧洲中部的美锡尼人、腓尼基人和伊特鲁利亚人共同组成了一个以琥珀为主的商业网，同一时期，波罗的海的琥珀经由爱琴海流传到地中海东岸。考古学家曾在叙利亚挖掘出古希腊美锡尼文明时期的瓶和壶，在容器中发现了波罗的海的琥珀项链。

公元前 1600 年，波罗的海沿岸的居民，就以锡和琥珀作为货币，与南方地域的部落交易，换取铜制武器或其他的工具。

公元 5 世纪，罗马人开始远征波罗的海，琥珀的交易也达到了前所未有的盛况。中古世纪，波罗的海琥珀开始以宗教器物为载体而风行于世。

在东方，琥珀同样受到各个民族的珍爱，特别是阿拉伯、波斯、土耳其和中国人。

将"琥珀"二字输入百度查询，一条这样的新闻会立刻进入我们的眼帘：

2016 年 3 月 6 日，中国、加拿大、美国和澳大利亚的科学家团队发现了至今为止世界上最为古老的琥珀矿石，其年龄在 9900 万年左右。这种琥珀矿石产自缅甸，称为"缅甸琥珀"。研究人员对琥珀矿石中包含的一些特殊植物和昆虫进行了详细的研究，比如其中的生物类群的起源和演化，以及某些样品 DNA 的提取和基因组序列测定。

2018 年 7 月 19 日，来自中国、加拿大、美国和澳大利亚的科学家团队宣布，他们首次在琥珀中发现蛇类标本，并揭示了一个前所未知的物种，一条约 9900 万年前的小蛇，定名为"缅甸晓蛇"。

据考古发掘，我国目前已知最早的琥珀制品，发现于四川广汉三星堆 1 号祭祀坑，为一枚心形琥珀坠饰，一面阴刻蝉背纹，一面阴刻蝉腹纹。

在中国，琥珀最早的文字记载于《山海经·南山经》："招摇之山，临于西海之上，……丽膺之水出焉，而西流注于海，其中多育沛，佩之无瘕疾。"

《山海经》认为琥珀产自海中，而且佩戴琥珀还可以解除人的疾病，说明从远古时代起，人们对琥珀的性质已经有了一定的认识。

汉代，在著名学者陆贾的《新语·道基篇》中，对琥珀的产出环境与形状作了更加详细的描述："琥珀珊瑚，翠羽珠玉，山生水藏，择地而居，洁清明朗，润泽而濡。"

由此可知，最迟到汉代，人们已经把琥珀与珊瑚并列，说明当时人们认为琥珀与珊瑚一样，都产自水中。

晋代，人们对于琥珀的形成产生了更多的见解。晋代著名学者郭璞在其《玄中记》中说："枫脂沦入地中，千秋为虎珀。"他认为琥珀是由枫树的树脂落入地下千年才化成琥珀的。

西晋著名学者张华在其《博物志》中认为，先是松脂在地下掩埋千年而变成茯苓，然而茯苓又变为琥珀。后来，他又对自己上述说法产生怀疑，又提出琥珀有可能是由燃烧的蜂巢而形成的。

直至南北朝时期，人们对琥珀成因才有了比较正确的认识，梁朝著名学者陶弘景在其《本草经集注》中记载："琥珀，旧说松脂沦入地千年所化"。

唐代，由于琥珀颜色诱人，晶莹透彻与酒相似，常被喻作美酒，这也是琥珀常被制成杯子等器皿的原因。此时的文人墨客更是将琥珀的美描述得淋漓尽致："琥珀盏红疑漏酒，水晶帘莹更通风。"（刘禹锡《刘驸马水亭避暑》）

宋代，关于琥珀的记录更加丰富与详细。宋人对琥珀的昆虫包体、静电效应等都进行了描述，并且记录了当时琥珀器具的纹饰、珍贵与价值。正如北宋著名诗人梅尧臣诗云："外凝石棱紫，内蕴琼腴白。千载忽旦暮，一朝成琥珀。"

到了明清时代，人们对于琥珀的来源、形成、分类、药效都有了系统的了解，对如何鉴别琥珀也有了一定的经验，并且开始对琥珀进行优化处理，如《物理小识》卷七中就有这样的记载："广中以油煮蜜蜡为金珀。"由此可知，用加热处理来使不透明的蜜蜡变为金珀的方法在清初就已有之，并一直沿用至今。

总之，琥珀的生成史就是一部亿万年的生物演变史，它的身影出现在人类文化的方方面面，对于人类文明的发展有着不可估量的作用。

二、琥珀文化

"兰陵美酒郁金香，玉碗盛来琥珀光。"这是唐代诗仙李白在《客中行》中留下的一句千古名言。

自人类开始佩戴宝石以来，琥珀就以其迷人而独特的美为我们留下了许多动人的故事。

据说，在一片原始森林中，夏日炎炎，一片寂静，仿佛时间和一切都是静止的，一只苍蝇懒洋洋地在树荫下休息着，闷热的天气让它透不过气来。就在这时，从树干上缓缓地滴落下一滴金黄色的树脂，不偏不倚，正好落在了苍蝇的身上。黏黏的稠液黏住了它的双腿，让它动弹不得。不久，又有一滴树脂滴了下来，将苍蝇严严实实地包裹在了一团金黄、透明的胶体中。阳光依旧懒洋洋地照射着大地，世界依旧一片静悄悄。刚才的一切都好像从未发生过一样。数千万年以后，有人偶然发现，有一块美丽的琥珀，里面好像是一只苍蝇——虫珀。

在欧洲各国，也流传着许多关于琥珀形成的美丽传说。

传说一：太阳神之子法厄同驾驶由野马拖驶的太阳战车驰骋在天空，一次，野马受惊，拖着太阳战车冲到了地面。地面上的森林燃起了熊熊大火，陆地被烤干，法厄同也遇难了。后来，法厄同的三位妹妹下凡祭奠，她们整日整夜哭泣，消瘦的身体开始生根吐芽，手臂变成了树枝，最终她们变成了大树。但是，她们的泪水依然不停地流着，因为她们是太阳之女，所以眼泪在阳光下变得坚硬，化为琥珀。

传说二：夜深人静时，美丽善良的蜡制天使从圣诞树上飞到波罗的海的岸边。当他看见骑士们在欺辱被俘的寡妇与孤儿时流下了同情的泪水，由于过度悲伤，他忘记了返回的时间。当太阳升起时，蜡制天使融成一滴滴的蜡油掉到了波罗的海中，变成了琥珀。

传说三：古希腊神话中，海神波赛冬最小的女儿"人鱼公主"，因叹息与王子的悲恋流下伤心的眼泪，她的眼泪凝固后就成了半透明的琥珀。

在中国古代，琥珀也被称为"虎魄""兽魄""育沛""顿牟""江珠""遗玉"等。古代民间还有所谓"虎死精魄入地化为石"之说。甚至人们认为琥珀是由老虎流下的眼泪或是由老虎临死前的目光凝聚成的宝石。

据说琥珀有活血、散瘀、止血的作用，南北朝时的宋武帝、唐德宗都曾将自己的宝物——琥珀作为战士的治伤药。孙权三儿子不慎误伤邓夫人面部，用琥珀末、朱砂及白獭脊髓配药，伤愈后无痕，且面色更显白里透红。古代"嫩面"

就借助琥珀之散瘀之功。

传说，大医家孙思邈行医至河南西峡，遇到一妇人暴死，正准备掩埋。他看到棺缝渗出鲜血，知人可救，遂取琥珀粉灌服，红花烟熏鼻孔，片刻死者复苏，后继续治疗而痊愈。

在西方，关于琥珀药用性质的文字记载最早出自医药之父希波克拉底（前460—前370）。古希腊的凯里斯特雷塔斯陈述道："紧紧围绕脖子戴上一串用细皮带或是绳子穿起的琥珀珠链，在一些严重头疼、咽喉炎和脖子疼的病例中起到了缓解病痛的功效。而佩戴琥珀手链对风湿病和关节炎病人有益，还可以减轻疲倦和劳累。用相当大的一个琥珀块在身体上进行摩擦可以得到类似的治疗效果。"

中世纪瘟疫流行时，人们采用燃烧琥珀烟熏，作为一种防治方法。根据记载，"没有一个来自琥珀从业人死于瘟疫"。多个世纪以来，琥珀被认为是一种杀菌灭毒的介质，因此人们将琥珀制成婴儿奶嘴、勺子、烟嘴和烟枪等器皿。

古希腊人认为，太阳从海中升起又落入海中，琥珀正是由太阳沉入海中的碎片凝固形成的，所以琥珀被称为"海之金"。

波兰人认为，琥珀是人类与诺亚在经历40天不间断的大雨后流出的眼泪变成的宝石。

罗马人赋予琥珀极高的价值，据古罗马政治家、文学家普林尼记载，买一件琥珀小雕件比买一名健壮的奴隶价钱还高。

俄罗斯民间流传，琥珀可以给婴儿带来好运，所以当丈夫得知妻子怀有身孕时，就会赠送她一条琥珀项链。

欧洲人也把琥珀看成爱情的保护石。传说古时候一位国王在新婚时将一串琥珀项链送给了自己的妻子，他们从此幸福地生活在一起。每当他们的子孙结婚时，国王就把这串项链上的一颗作为结婚礼物赠予，果真子孙们的婚姻也都非常和睦幸福。于是这成为一种习俗，在新人婚礼上，人们常会赠送琥珀项链，相信琥珀有神奇的魔力，可保爱情天长地久。

三、琥珀产地

1. 产地分布

波罗的海沿岸是全球主要的琥珀产地，这里的琥珀品质上乘，素有"波罗的海黄金"之称。其中立陶宛、俄罗斯的加里宁格勒、波兰等国家和地区的产量最大，且颜色常为金黄色，品质好。除此之外，墨西哥、缅甸、意大利、多米尼加、加拿大、美国等国家都有出产。

中国的琥珀矿藏最著名的是辽宁抚顺的琥珀矿。抚顺是我国昆虫琥珀的唯一产地，常有优质虫珀产出，具有很高的科研价值和观赏价值。抚顺的琥珀块度虽然较小，但是其生成的地质时代较早，质地致密坚硬，具韧性，是重要的宝石原料，具有很高的经济价值。现今矿产资源的稀缺性，使其成为当今中国市场上价值最高的琥珀。

2. 品种分类

常见的琥珀种类有：金珀、金蓝珀、绿茶珀、红茶珀、血珀、翳珀、花珀、棕红珀、蓝珀、绿珀、虫珀、蜜蜡、珀根、缅甸根珀等。

按颜色可将琥珀分为：红色琥珀、白色琥珀、黑色琥珀、黄色琥珀、其他颜色琥珀（紫色琥珀、绿色琥珀、蓝色琥珀）、组合色琥珀，以蓝、绿色和血红为佳，颜色浓正且杂质越少品质越高。

琥珀中具有动植物等特殊包裹体的一类单分出来，统称为"虫珀"或"灵珀"。（图 19-2）

红色琥珀：包括似铁锈般的深红到朱砂红的一系列颜色。但是，人们习惯以其最美的颜色来称呼它——"血珀"，或"火珀"。血珀和火珀的概念有所差别，火珀的颜色似火焰，而血珀的颜色则为深红。具有鲜艳红色的琥珀，是琥珀中较为稀少的品种之一，从古至今都被人视为琥珀中的上品。这种具有浓艳红色的琥珀一般产自缅甸、墨西哥。近年，在约克角半岛和澳大利亚昆士兰州也都有发现，但是因为产量较小，没有投入市场。

血珀颜色呈红色或深红色。如同高级红葡萄酒的颜色。晶体通透，极少颗粒有杂质，触感温润细致，颜色深浅适中。极品天然血珀通明透亮，血丝均匀。(图19-3)

白色琥珀：琥珀为白色的原因，在于其内部有大量的气泡。白色琥珀，具有从不透明的纯白色到浅白色的多种颜色变化，常简称为"白珀"。白色常与黄色相邻而生，在这两种颜色交汇处往往会产生涡流状的图案。

黑色琥珀：黑色琥珀在反射光下都为黑色，但在透射光下有所不同。焦珀，又名黳珀，在强的透射光下为红色，也被人们形象地称为"黑里红"。翁珀，

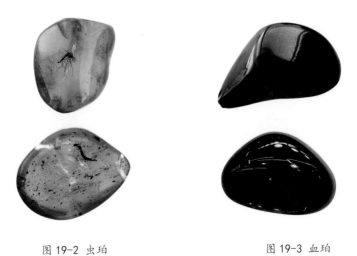

图 19-2 虫珀　　　　　　　　　　　　　图 19-3 血珀

石化程度高，透射光下显示仍为不透明。煤珀又名黑琥珀，从煤中选出来，表面棕色至乌黑色，略带光泽。另外，现在市面上还有一种"药珀"，常为黑色或灰色，但它并不是天然的琥珀品种，而是将琥珀的碎屑与中草药压制而成的，因常具有药香，极易与黑色琥珀区分开来。

黄色琥珀： 随着透明度的降低，有金珀、金绞蜜、蜜蜡、水珀（浅黄，多粗皮）、石珀（石性重，色黄不堪用）等分类。其中前三种，我们常可见到。

金珀具有明亮透明的金黄色，质地细腻有滑顺感。在国外金珀被视为琥珀的最佳颜色，在过去其价格相当于黄金，正因为此，琥珀又被称为"北方黄金"，或是"波罗的海黄金"。

其他颜色的琥珀，例如紫色、绿色、蓝色，都非常珍贵和稀少。其中紫色琥珀还没有用于商业的销售。天然的绿色琥珀常带有苍白的绿黄色调，并且内部常有一些植物的包裹体存在。当今市场上的大部分绿色琥珀都是经过人工处理而成的，通常颜色鲜艳、内部纯净。蓝珀是指在紫外光下呈现蓝色的琥珀，常产自多米尼加共和国。

3. 蜜蜡

蜜蜡和琥珀无本质区别，都是树脂化石，只是含琥珀酸的含量不同。琥珀酸的含量在 4% 以下的琥珀是透明的，琥珀酸含量在 4% ～ 8% 的琥珀是云雾般半透明的，琥珀酸含量在 8% 以上的琥珀则呈泡沫状、不透明。其实蜜蜡就是不透明的琥珀。对于"千年的琥珀，万年的蜜蜡"的说法，没有任何的科学依据。（图19-4）

蜜蜡从时间上分可以分为老蜜蜡和新蜜蜡。

老蜜蜡是指以前开采出来加工好的蜜蜡成品，留存到现在就是老蜜蜡。老蜜蜡一般都会风化氧化，有古色古香的味道，和新蜜蜡在颜色、皮壳光泽上不一样，通常以圆盘、圆珠的形式居多。蜜蜡是由三四千年前的松脂沉淀演化而

来的，本身就是比较稀缺的东西，在古代甚至只有贵族和活佛才能拥有，经过
时间沉淀而具有文物价值的老蜜蜡，更是十分难得。（图 19-5）

蜜蜡又可以分为三色系：红色系、黄色系和白色系。

红色系

①鹤顶红：鹤顶红是蜜蜡中最珍贵的稀有品种，出产在波罗的海，质地干净，

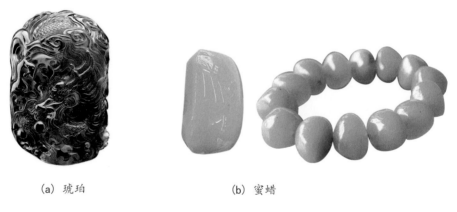

(a) 琥珀 　　　　　　　　　　　　(b) 蜜蜡

图 19-4 琥珀和蜜蜡

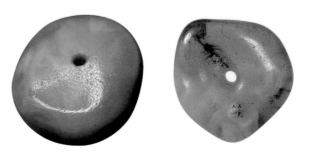

图 19-5 老蜜蜡

颜色是具有明亮、鲜艳的枣红色，乳胶质感，透光后，有金红色效应。（图 19-6）

②血蜜：只有不透明或半透明、纯天然、无优化且显现红色的琥珀才能称为血蜜。（图 19-7）

③鸡油红：鸡油红具有像凝固的鸡油般的光泽和质感，颜色偏红。鸡油红要比普通的蜜蜡更厚重，原因是鸡油红达到了 95% 以上的满蜜状态，光泽度和油润度也比普通蜜蜡要好。鸡油红呈橙红色、红色或棕红色，有些鸡油红颜色看上去像红糖，也被称作蜜糖色。鸡油红蜜蜡比鸡油黄蜜蜡更稀少。（图 19-8）

图 19-6 鹤顶红

图 19-7 血蜜

图 19-8 鸡油红

黄色系

黄色系蜜蜡是最常见、最普遍的一种天然蜜蜡色系。

①鸡油黄：鸡油黄油光闪亮、饱满润泽，在颜色表现上最鲜亮润美，属于蜜蜡中品级很高的一类。因为其颜色像凝固的鸡油一样黄，所以被称为"鸡油黄"。（图 19-9）

②金绞蜜：是指金珀与蜜蜡相互绞绕在一起，具有独特形态及花纹的黄色琥珀。金绞蜜是蜜蜡里比较特殊而且非常美丽的一个品种，透明的珀与不透明的蜜相互交织，以各种形态相融组合，珀中有蜜，蜜中有珀。每一块金绞蜜都有各自的特点，独一无二，不可复制。

③金包蜜：是金绞蜜的一种，形态上一般都是中间是蜜蜡，外层被金珀包起来，蜜与珀的边界无规律。

④蜜糖色：蜜糖色也称为"焦糖色"，是蜜蜡种类中质地较为稀少的一个种类，微透明，可以归属为金包蜜。蜜糖色的蜜蜡内部纯净，色泽均匀，纹路非常少，而且颜色非常漂亮、少见，所以价值也很高。

⑤柠檬黄：同样作为黄色系的蜜蜡，柠檬黄相比于鸡油黄来说颜色更浅，呈现出像柠檬皮一样的淡黄色。最好的柠檬黄产自乌克兰，此地出产的柠檬黄，

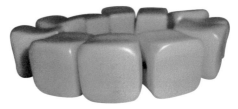

图 19-9　鸡油黄

蜜质均匀，色泽亮丽，质地细腻，透明感很强，纹路也非常少，清爽雅致，给人一种放松、淡雅的感觉。虽然柠檬黄的价值低于鸡油黄，但它清新怡人的颜色却是不可多得的美丽。

白色系

①骨珀：骨珀是白色蜜蜡中的极品贵族。其质地、颜色看上去与白骨极其相似，虽然给人以酥松的感觉，但实际密度却很高。

②白蜜：白蜜的颜色呈奶白色，是所有蜜蜡中颜色最浅的，不透明。品质好的白蜜颜色和象牙有几分相似。一般白色覆盖面积超过 90% 的才称为白蜜。由于白蜜的琥珀酸的含量比较高，所以香味非常浓厚，会散发出淡淡的松香味。润度好、白度高、纯净的白蜜很稀少，因此价格也比较高。

③白花蜜：蜡质饱满结实，表面会有大量云雾状或流云状的白花纹路，是介于黄色蜜蜡和白色蜜蜡之间的一种蜜蜡。颜色以白色为主，黄白分明，纹理明显。

④荔枝白：荔枝白蜜是蜜蜡里比较少见的一种，非常独特。荔枝白颜色为乳白色，云纹细腻，颜色较浅，蜜质均匀，但是透明度不足。荔枝白如同剥开外皮的荔枝一样，水润灵动。

四、琥珀价值

1. 价值评价

琥珀，曾被人称为"时光的固化，瞬间的永恒"。自古以来琥珀就被视为珍品，其中凝结着千百万年的历史，同时被人们创作出无数传说。古罗马与拜占庭贵族穷尽心力寻找琥珀，甚至留下了"琥珀之路"的寻宝轨迹。18 世纪时琥珀在美国也被视为珍宝，目前美国华盛顿斯密逊博物馆内还保存着玛莎·华盛顿所戴过的琥珀。

琥珀在中国古籍中很早就有记录。《山海经》记载琥珀有活血化瘀、安气定神的功效，还将它视为辟邪镇宅的灵物。在新石器时代的遗址中就发现了琥珀雕刻的装饰物。此后历经商周秦汉，琥珀的名贵可以与玉器媲美，两者的发展形影相随。中国人自古就喜爱松香味，而琥珀和龙涎香更被当作珍贵的香料。《西京杂记》记载，汉代皇后赵飞燕就把琥珀当作枕头，目的是摄取芳香。

有关琥珀药用的历史可追溯到远古时代。当时药的主要成分来源于天然物质：如植物、动物和矿物等。瑞典保存的药品原配方注明了 22 种成分，其中就包括琥珀。阿尔波特大帝（1193—1280 年，哲学家），在六种最有疗效的药品中将琥珀排名第一。

在中世纪，欧洲的医师将琥珀开在药方中用于治疗溃疡、偏头痛、失眠、食物中毒、黄疸病、不孕症、疟疾、气喘、痨病、肿瘤和其他疾病。

在 19 世纪的医书中，我们能找到关于琥珀治疗各种疾病的记载。以琥珀作为主要成分的各种调和物还被广泛用于治疗甲亢、呼吸道疾病、支气管炎、哮喘、心脏病、高血压、膀胱和肠胃疾病以及血循环系统中的一些疾病。

2. 收藏价值

琥珀中价值较高的是古董、精湛的艺术品或含有生物遗体的。琥珀的颜色很重要，在多种琥珀中，颜色金黄的金琥珀和血红的血琥珀是收藏的佳品。很多商人为了牟利常常用人工合成的金琥珀和高温烘烤的血琥珀蒙骗收藏者。另外，在挑选琥珀的时候应尽量挑选体积较大的琥珀，越大的琥珀价值越昂贵，收藏价值越高。对于收藏和投资来说，内含物越是稀有的琥珀，越值得收藏，琥珀内的动物或者植物越罕见越容易打动收藏者的心。有些琥珀在自然形成的过程中会形成一些特别的图案，这种自然图案可遇而不可求，可以说是价值连城。

五、 琥珀鉴赏

1. 鉴赏标准

鉴定琥珀的质量法可以根据颜色、体积、透明度及内含物等因素来进行分级。

颜色: 琥珀有红色、金黄色、蜜黄色、棕黄色、黄白色、褐色、黑色等多种颜色,其中, 金黄色和蜜黄色是最受欢迎的颜色。

透明度: 天然琥珀的透明度可分为透明、半透明和近不透明三类。市场上的琥珀大多是经过加热改善处理的, 其透明度比天然品有了极大的提高。因此,分级前须确定琥珀是天然的还是处理过的。

体积: 一般来说, 天然琥珀体积越大, 价值越高, 但天然琥珀的块体大小对质量的影响还取决于其他要素。被加热融合的琥珀价值不高。

内含物: 琥珀内含物的类型、稀有性以及美观、完整程度是决定其质量的关键, 但难以定量描述, 必须根据市场情况而定。通常, 罕见、美观的动植物内含物 (包裹体) 可以使琥珀身价倍增。

2. 真假鉴别

琥珀仿制品主要有玻璃类、塑料类、树脂类和合成类。可以通过以下方法进行鉴别:

盐水试验: 把琥珀放入水中, 它会沉到水底。而将溶解的浓盐水加入其中,当盐和水的比例大于 1∶4 时, 真琥珀会慢慢浮起, 而假琥珀却浮不起来。

声音试验: 无镶嵌的琥珀串链或珠子放在手中轻轻揉动会发出很柔和的略带沉闷的声音。如果是塑料或树脂, 声音会比较清脆。

香气试验: 未经精细打磨的琥珀原石, 用手揉搓生热后可以闻到淡淡的特殊的香气, 白蜜蜡的香气比其他琥珀的香气略重。

观察试验: 琥珀的质地、颜色、透明度、折光率会随着观察角度的变化而变化。假琥珀要么很透明要么不透明, 颜色很假, 具有一种死气沉沉的冷光。

变色试验：将琥珀放到验钞机下，上面会有荧光，呈淡绿、绿色、蓝色、白色等。而塑料假琥珀则不会变色。

静电试验：将琥珀在衣服上摩擦后可以吸引小碎纸屑。而塑料假琥珀则没有这种反应。

手感试验：琥珀属中性宝石，一般情况都不会过冷过热。而用玻璃仿制的会有较冷的感觉。

针刺试验：将针烧红刺琥珀的不明显处，琥珀有淡淡的松香味道。电木、塑料琥珀则发出辛辣臭味并会黏住针头。

刀削试验：用裁纸刀削，真琥珀会成粉末状，树脂琥珀会成块脱落，塑料假琥珀会成卷片，玻璃假琥珀则削不动。

鳞片试验：爆花琥珀中一般会有漂亮的荷叶鳞片，从不同角度看它都有不同的感觉，折光度也会不一样，散发出有灵性的光。假琥珀透明度一般不高，鳞片往往发出冷冷的死光，缺少琥珀的灵气。假琥珀中鳞片和花纹多为注入，所以花纹基本一样，市面上最常见的是红鳞片。

气泡试验：真琥珀中的气泡多为圆形，压制琥珀中的气泡多为长扁形。

3. 琥珀的保养

对于有机宝石而言，一般都会因为其成分特性和硬度较低等原因，极易损坏，所以对于有机宝石的保养也是非常重要的环节。

琥珀的佩戴保养：

琥珀具有硬度低，性脆，易碎，不耐高温等特点。需避免因碰撞或跌落而导致琥珀表面崩缺或是内部脆裂，同时应注意避免与其他宝石或硬物摩擦导致琥珀表面变得毛躁，产生细纹。更不要长时间将琥珀置于强光或是过热的暖器、暖炉边，过于干燥易产生裂纹。

琥珀虽然在海水里浸泡了千万年，但天然琥珀仍怕强酸强碱，夏天如果汗多，佩戴后应尽量用柔软的布抹干。尽量不要接触酒精、汽油、煤油和含有酒精的指甲油、香水、发胶、杀虫剂等溶液。

经常佩戴的琥珀，可能会沾染上灰尘、汗渍、护肤品等，清洁时注意不能用硬物毛刷清洁，更不能使用超声波首饰清洁器清洗，否则可能导致将琥珀划伤或碎裂。可将琥珀放入加有中性清洁剂的温水中浸泡，用手搓净，再用柔软的布擦拭干净后滴上少量的橄榄油或是茶油轻轻擦拭琥珀表面，稍后用布将多余油渍去掉，可恢复光泽。最好的保养是长期佩戴，因为人体油脂可使琥珀越戴越有光泽，同时在佩戴的过程中琥珀所含的微量元素也滋养着人体，正所谓人养琥珀，琥珀养人。

琥珀的收藏存放保养：

琥珀首饰应该单独存放，不要与钻石、其他尖锐的或是硬的首饰放在一起。若长期不戴，应该使用小的密封塑料袋密封好单独存放。

琥珀的修复保养：

当琥珀上出现轻微划痕时，可以使用不带磨砂颗粒的温性牙膏轻轻擦拭琥珀去痕，再用眼镜布或者麂皮绒布擦拭，可在一定程度上恢复琥珀光泽。如琥珀出现裂痕时可使用无色的封堵胶或是特别的珠宝胶对裂痕进行修补，不能用502胶水修补。

第二十章　珊瑚　Coral

　　珊瑚，英文名为 Coral，来自拉丁语 Corrallium，属有机宝石，质地莹润，莫氏硬度为 3 ～ 4，光泽为蜡状光泽到弱玻璃光泽，别称为"牛血"。珊瑚形状像树枝，颜色鲜艳美丽，所以常常被称为珊瑚树。珊瑚源自大海，被欧洲的航海人赋予了神奇的力量。在基督教文化中，红珊瑚是由"耶稣宝血蜕化而成"的。红珊瑚同其他 6 种珠宝玉石一起被誉为"佛教七宝"。古罗马时代，十字军东征时，红珊瑚是家人赠予出征亲人的"护身宝石"。印第安人认为贵重珊瑚为"大地之母"。在中国，珊瑚被视为吉祥幸福之物，被称为"瑞宝"。红珊瑚因具有养颜、美容、保健价值而被人们誉为"健康珠宝"。珊瑚、珍珠、琥珀是世界公认的三大有机宝石。（图 20-1）

图 20-1 珊瑚

一、珊瑚历史

珊瑚，是刺胞动物门珊瑚虫纲海生无脊椎动物。最迟从中国宋朝开始就对珊瑚一词有了专门的定义，东汉许慎在其名著《说文·玉部》这样注释："珊，珊瑚，色赤，或生于海，或生于山。"也就是说，珊瑚既可以产于山，也可以产于海。

珊瑚也是一种拥有悠久、灿烂历史的珍宝。据说，在五千多年前，大禹因为治水有功，河伯献上众多奇珍异宝，但是大禹只选了三件，其中之一便是珊瑚。

作为传统珍宝，红珊瑚象征着吉祥幸福，是祥瑞之物，一直深受达官贵人们的喜爱和追捧。

《世说新语》记载：在中国晋朝时，富豪石崇与王恺两人以奢靡浮华著名，晋武帝非常喜爱王恺，就赏赐给他一株珊瑚树，此树高二尺，人间罕见。于是，王恺就拿着这棵珊瑚树到石崇家里去炫耀，结果石崇取出铁如意将王恺的珊瑚树几下就敲得粉碎。然后命家人取出六七株珊瑚树，都高三四尺，个个光彩夺目。

王恺不服气，又命家人拿来更大的珊瑚树，而石崇将其敲碎后又搬出了更大的珊瑚树……两个富豪斗来斗去，几个回合下来，最终以石崇拿出珍稀高大的红珊瑚树取得绝对胜利而告终。

中国唐代药学家苏敬主持编撰的世界上第一部由国家正式颁布的药典《新修本草》（又名《唐本草》）记载：红珊瑚"去翳明目，安神镇静，治疗惊痛和吐衄。"在海洋中生存的红珊瑚含有人体所需的具特殊药效的甾醇类、萜类物质，被当作药用生物来研究。佩戴红珊瑚饰品能够调节人体内分泌系统，促进血液循环，还能除宿血、续断骨、养颜美容。

唐代才子薛逢曾专门赋诗吟咏："坐客争吟去碧诗，美人醉赠珊瑚钗。"这是盛赞唐代仕女们头戴珊瑚发钗风情万种的样子，可见唐代珊瑚饰品的盛行之状。

到了清代，珊瑚更成为皇家祭祀必不可少之物。相关资料记载，皇帝祭祀时必须要佩戴珊瑚朝珠。不仅如此，在中国清代，官至二品，朝冠才能用珊瑚装饰，可见珊瑚在各类宝物中的地位之高。

古今中外，红珊瑚都具有崇高的地位。印第安人认为贵重珊瑚为大地之母。古罗马人认为珊瑚可以防止灾祸，给人智慧。在非洲大陆的一些部落，珊瑚是献给酋长的尊贵礼物，由专人看管，负责看管珊瑚的人必须小心翼翼，因为一旦遗失，很有可能招致杀身之祸。据说，十字军东征时，珊瑚是长辈赐给儿子或妻子送给丈夫的护身宝。日本及其他亚洲国家也同样将其视为祥瑞幸福之物，是幸福与永恒的象征。

珊瑚除了颇受世人喜爱，在宗教界也倍受推崇，相信没有一样珍宝能够像珊瑚一样同时跟佛教和基督教产生密切的关系。在基督教文化中，红珊瑚被认为是由"耶稣宝血蜕化而成"的。贵重的珊瑚在东方佛典中被列入"七宝"之一，印度的佛教信徒视红色珊瑚为如来佛的化身，把红珊瑚作为祭佛的吉祥物，或做成佛珠装饰神像。

除了它的历史渊源，优质红珊瑚非常娇贵，产量稀少。宝石级的红珊瑚生长在 200～2000 米的深海中，每二十年长一寸，三百年长一公斤，被视为海中珍宝，藏中极品。

由于海洋环境的恶化、人类的过渡捕捞等诸多原因，珊瑚正遭受着灭绝之灾，世界自然保护联盟不得不把海洋珊瑚列入世界濒危物种"红色名单"。

目前，全球已知的 28.5 万平方千米的珊瑚礁中，已经有 20% 消失了，如果情况没有好转，到 2030 年，这一数据将上升到 60%。这些美丽的生物正在离我们远去。

二、珊瑚文化

珊瑚同人类文化有着密不可分的联系，所以关于珊瑚的传说可能也是珠宝中最丰富、最富传奇色彩的。

古罗马人常把珊瑚枝挂在小孩的脖子上，相信这样能让孩子健康、平安地长大成人，他们甚至认为，珊瑚能够治愈妇女的不孕症。到了古罗马鼎盛时期，人们确信珊瑚做的"狗用套圈"可以帮助治疗狂犬病。

欧洲的航海人认为源自大海的珊瑚具有神奇的力量，船只在海上遇到了风浪，如果侥幸脱险搁浅在珊瑚林，船员就会把珊瑚枝挂在船头，认为是它们帮助自己消灾免难。

在许多经典作品中，经常可以见到红珊瑚。比如，法国的著名画家皮埃尔·米尼亚尔的经典名画《德·西格尼雷侯爵夫人和她的两个孩子》，展示了 18 世纪以西方文化为背景的红珊瑚文化的信仰和流行。在卡洛·克里韦利的名画《圣母玛利亚和燕子》中，圣母玛利亚抱着圣童，圣童颈上小项链垂下的精致的红珊瑚小分支，则暗示耶稣为拯救人类的罪孽而奉献出鲜血，明确阐释了红珊瑚的宗教文化概念。

在藏传佛教中，红珊瑚是神的象征，他们常手持红珊瑚做成的念珠，并用红珊瑚装饰寺庙中的神像，以此来衬托佛家的气氛。早在佛教传入西藏之前，苯教是西藏地区比较流行的原始宗教，太阳神是苯教最大的神灵之一，"卐"字符是代表太阳的符号，信徒常用红珊瑚做成"卐"当作装饰物。

现代医学界对珊瑚的"特异功能"的探寻更是锲而不舍。20世纪90年代，台湾中山大学教授杜昌益在一种珊瑚中发现了抗癌物质，这种物质的作用是一般药物无法比拟的。台湾阳明大学和台湾中山大学也联合从红珊瑚中提取了一种抗癌物质Mana-hox，这一发现很可能会改变"化疗治癌"的传统观念，科学家们相信这种抗癌物质可以直接让癌细胞由坏变好。

澳大利亚昆士兰大学的生物化学家们曾经从珊瑚中分离出抗紫外线辐射的天然物质。珊瑚甚至被认为可以接骨。由于珊瑚与人体骨骼的成分在很多方面相同，显微结构也很接近，被植入人体后，在珊瑚无数的细孔内会逐渐生长出毛细血管，不过珊瑚的硬度比人体骨要差，可能是美中不足之处。

红珊瑚是所有珠宝玉石中是唯一有生命的灵物，光泽艳丽，温润可人，晶莹剔透，千娇百媚。随身佩带珊瑚，能促进血液循环，而且可以依据各人身体状况而产生各种不同颜色的变化，因此被誉为"人体精气神的观测站"。也因其具有养颜、美容、保健价值而被人们誉为"健康珠宝"。

三、珊瑚产地

1. 产地分布

珊瑚可分为浅海珊瑚和深海珊瑚。浅海珊瑚分布相当广泛，太平洋、印度洋、大西洋的浅海水域中都分布有很多珊瑚礁石构成的小岛。

深海红珊瑚的分布主要有四个地区：中国台湾海域；日本南部岛，包括琉球群岛海域；夏威夷群岛周边海域及中途岛海域；地中海沿岸，以亚平宁半岛南部海域为主。非常有趣的是上述三个地区都是火山地震活动（包括附近海底的火山活动）的高发区。海底火山活动的发育，提供了大量的铁、锰、镁等常量元素。这就为红珊瑚的颜色形成提供了极其重要的物质条件。

2. 产品分类

物种划分：珊瑚纲是刺胞动物门最大的一个纲，全部是水螅型的单体或群体动物，生活史中没有水母型世代。珊瑚纲的水螅型结构较水螅纲复杂，身体为两辐射对称。常见种类如红珊瑚、细指海葵、海仙人掌。

已知腔肠动物门有 11000 余种，主要有 3 个纲，即水螅纲，约 2700 种；钵水母纲，只有 200 余种；而珊瑚纲有 6100 多种。

珊瑚在腔肠动物中是个统称，凡造型奇特、玲珑剔透，来自海产的都称"珊瑚"，凡红色的统称"红珊瑚"。珊瑚通常包括软珊瑚、柳珊瑚、红珊瑚、石珊瑚、角珊瑚、水螅珊瑚、苍珊瑚和笙珊瑚等。

生态划分：根据石珊瑚生长的生态环境和特点，可分为造礁石珊瑚和非造礁石珊瑚，非造礁石珊瑚又可分为深水石珊瑚和浅水石珊瑚。

①造礁石珊瑚：属于刺胞动物，只生长在热带及其邻近、同时有强大暖流经过的海域。作为一种对生活环境条件要求严格的动物，它们在水温 $23 \sim 27^{\circ}C$ 的水域中生长最为旺盛，在低于 $18^{\circ}C$ 的水域中则仅能生存，无法成礁。

②深水石珊瑚：顾名思义它们栖息在深海。深水石珊瑚一般以单体为主，少数群体，且个体小，色泽单调。用拖网、采泥器在海洋不同深度的海底都可以采到。

③浅水石珊瑚：顾名思义它们分布在浅水区，一般从水表层到水深 40 米处，个别种类分布可深达 60 米。绝大多数是群居而生。在热带海区生长繁盛。它们在水中生活时色彩鲜艳，五光十色，把热带海滨点缀得分外耀眼，故浅水石珊

瑚区有海底花园的美称。

四、珊瑚价值

1. 价值评价

珊瑚是珠宝中唯一有生命的千年灵物，千娇百媚、晶莹剔透、温润可人。在古代，珊瑚被视为祥瑞幸福之物，代表高贵与权势，据说古代历代皇帝一出生就会佩戴上红珊瑚，象征着祈福驱邪，大富大贵。在北京故宫博物院，至今还陈列着明清时期皇宫里的巨大红珊瑚，光绪帝和慈禧太后的房间里摆着的就是这些红珊瑚。

印第安人和中国藏族人对红珊瑚宠爱有加，甚至将其作为护身符和祈祷上帝保佑的吉祥物。古罗马人对红珊瑚的使用由来已久，他们认为红珊瑚具有消病抗灾、止血活络、增加智慧、养颜美容的功能。一些航海者还相信佩戴红珊瑚，可以防雷、防电、防飓风，能使海面风平浪静，出入平安。因此罗马人称其为"红色黄金"，给红珊瑚蒙上了一层神秘的色彩。

近代医学的发展，证实珊瑚石不但是真正的宝石，而且它还具有很多药用和医用价值。人们逐渐发现红珊瑚还具有促进人体的新陈代谢及调节内分泌系统的特殊功能。因此，有人把它与珍珠一道称为"绿色珠宝"。

新加坡国立大学生物学院冯敏仪博士，曾花了三年的时间进行研究并发现，珊瑚除了漂亮之外，还含抗癌成分，可以显著降低癌症的发病率。其之所以选择珊瑚为研究对象，主要是因为珊瑚具有极强的生命力。

可见，古今中外，无论是远古先民，还是当今世人，无论是达官贵人，还是平民百姓，人们对珊瑚都有着真挚虔诚的信仰和强烈独特的偏爱，这一切都为珊瑚文化的传承奠定了丰厚的人文基础。

2. 宝石级珊瑚

宝石级珊瑚生长一寸需 20 多年的时间，而且需要深海、缓水、无温差等极为稳定的环境。由于对生存环境的要求相当苛刻，所以能够长到宝石级的珊瑚相当稀少。目前，最有价值的红珊瑚可归为三类：

阿卡（AKA）红珊瑚： "AKA"是从日文翻译过来的，原意是红色，主产于日本，少部分产于中国台湾。阿卡红珊瑚是红珊瑚中最珍贵的品种，阿卡红珊瑚的红色包含了帝王红、牛血红、辣椒红、朱红色等。其中帝王红又称为阿卡级阿卡色，为顶级阿卡红珊瑚的颜色，这种红色浓而不黑，艳而不妖，没有偏色，但极为罕见，相当珍贵。

阿卡红珊瑚根据红色的浓度可分为 5 个色级，牛血红、深红、正红、朱红、橘红。红色饱和度越高，价值越高，色级相差一级，价值就相差很大。

我们在市场上所了解的贵重的台湾阿卡红珊瑚，主要是"牛血红"。"牛血红"红珊瑚最早用来形容地中海的深红色红珊瑚，这种红珊瑚有着十分深的红色色调，就如同牛的血液，鲜红而黏稠，故此得名"牛血红"。

阿卡红珊瑚具有玻璃一样微透的质感和质地，看上去晶莹微透，光泽度好。阿卡红珊瑚的颜色鲜活生动，且带有明亮的蜡质光泽。天然红珊瑚一般有特有的指纹状纹路，但在阿卡红珊瑚表面很难看到这种特征。这是因为阿卡红珊瑚的致密度极高、质感强，所以阿卡红珊瑚密度大，掂在手上会有分量感。

阿卡红珊瑚虽然是红珊瑚中的极品，但是有一个缺点就是具有白芯和虫眼。一般在切磨阿卡红珊瑚时，都会把白芯和虫眼尽量留在背面或者侧面，所以阿卡红珊瑚很少做圆珠形。（图 20-2）

莫莫（MOMO）珊瑚： "MOMO"也是从日文翻译过来的，原意为桃子或桃子色，泛指桃色的珊瑚。桃红或者橙红色的莫莫珊瑚与阿卡红珊瑚、沙丁红珊瑚是公认的红珊瑚最好的三大品种。主产区是台湾。

　　莫莫红珊瑚树的形态要呈平面生长，树尖同样有白芯，莫莫珊瑚的颜色跨度很大，常见白色、浅粉、粉色、橘粉、桃粉、橘红、桃红、朱红、正红。主要以浅色系为主，一般很少能达到阿卡红珊瑚一样的红色。

　　莫莫红珊瑚颜色鲜亮，有瓷润感，在表面能看到指纹状的纹路。块度大，和阿卡红珊瑚一样多带有白芯是莫莫珊瑚的特点。一般多做雕刻件或者鼓形珠等。

　　莫莫红珊瑚是唯一能做艺术雕刻的品种，加上其鲜艳活泼的色泽，观赏性

（a）　　　　　　　　　　　　　　　（b）

图 20-2 阿卡红珊瑚，正面全红，反面有白芯

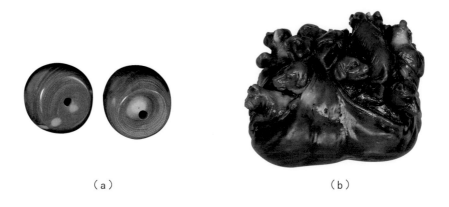

（a）　　　　　　　　　　　　　　　（b）

图 20-3 （a）莫莫红珊瑚桶珠；（b）莫莫红珊瑚雕件

极佳。在宝石级红珊瑚中人气很高。（图 20-3）

　　沙丁红珊瑚：俗称"辣椒红"珊瑚，最著名的产地是意大利沙丁岛，"沙丁"因此得名。沙丁红珊瑚原来是特指生长在意大利沙丁岛附近海域的深水珊瑚，现在已经将沙丁红珊瑚看作一个品种，泛指地中海的深水珊瑚，一般生长在海面以下 50 米到 120 米。由于生长海域较浅，因此沙丁红珊瑚表面上几乎没有压力纹和白芯，颜色均一，普遍比较红，常见为大红色，仅次于"牛血红"。沙丁红珊瑚颜色类似阿卡红珊瑚，常见橘色、橘红、朱红、正红、深红。当达到阿卡红珊瑚最深的颜色时，沙丁红珊瑚的红就会带出黑色，没有阿卡红珊瑚的鲜红明亮。

　　沙丁红珊瑚具树脂光泽，质地胶质感较强，透明度低于阿卡红珊瑚，有少量小凹坑，较少有裂痕。因此沙丁红珊瑚多用于制作珠链。沙丁红珊瑚的密度是几种贵重珊瑚里最小的，相对比较疏松，没有阿卡红珊瑚和莫莫红珊瑚的质地细腻和透光性好，佩戴后更易发生还原反应，变白、发乌。这使沙丁红珊瑚在价格上失去了一些优势。但法国的科西嘉群岛产出的沙丁红珊瑚颜色浓郁，可以达到"牛血色"，价值远超普通的沙丁红珊瑚。（图 20-4）

　　顶级沙丁红珊瑚可以媲美阿卡红珊瑚，沙丁红珊瑚 10 毫米以上的珠子较为罕见，通常只能在一些拍卖会上见到。

（a）沙丁红珊瑚珠

(b) 沙丁红珊瑚树

图 20-4 沙丁红珊瑚

3. 收藏价值

红珊瑚是目前市面上等级最高的珊瑚。它光泽艳丽，温润可人，惊艳四方。在三大有机宝石中，红珊瑚以其高昂的价格、稀缺的资源，居于首位。随着珊瑚被越来越多的大众所熟知，红珊瑚也成为近两年珠宝市场升温迅速的品类之一。

珊瑚生长在 200～2000 米大海深处，开采极为不易。珊瑚二十年长一寸，三百年才长一公斤，千年以来，任凭风吹浪打，挺立依然。也正因此，珊瑚才成为人们心目中独一无二的千年宝贝。

从艺术的角度来看，一件珊瑚雕刻作品，在创作过程中所面临的难度绝不亚于任何其他艺术作品。每件珊瑚的形状都是不同的，都要经过工匠们精心设计、巧妙构思、精雕细琢后才能成为一件艺术品，所以每件珊瑚作品都是独一无二的，都具有唯一性。因此，人们历来重视对贵重珊瑚艺术品的收藏。法国罗浮宫就珍藏了许多珊瑚精品，中国各大博物馆也有丰富的珊瑚珍藏。

五、珊瑚鉴赏

1. 鉴赏标准

珊瑚鉴赏以温润度、光泽度、颜色、花纹、透光、沙孔、裂痕为标准。

温泽： 珊瑚首先要看温润度与光泽度，质地越温润、光泽度越亮越好。反之，不温润、没光泽则代表不好。

颜色： 市场上价值较高的是红色，其次为紫色、粉色、蜜糖黄或金黄、象牙白。黑色、绿色颜色稀有，价值会更高。

花纹： 珊瑚珍贵的特征之一是它有其他玉石没有的漂亮花纹，花纹越明显，颜色越亮，越有价值，花纹完整度越好，越有价值。

透光： 珊瑚一般最多都只能达到半透光的状态，所以润度足，有颜色，有花纹，半透光的珊瑚的价值比不透光的价值更高。

沙孔： 天然珊瑚常会带些沙孔，如果沙孔很小或很少是能被接受的，如果太明显或太多就会影响价值。

裂痕： 珊瑚手环有较明显的裂痕或有些细小的裂纹都会影响它价值，所以手环最好是不要有裂痕的。

2. 真假鉴别

假冒的红珊瑚主要有低档海绵珊瑚、海竹珊瑚、粗劣的染色大理石、粉红色玻璃、人造材料等合成的珊瑚。可以通过以下要点进行鉴别：

纹理： 红珊瑚有着与珊瑚生长方向平行的纵纹，排布比较紧密。红珊瑚的横截面上有像树的年轮一样的环纹。在肉眼鉴别时要注意看这两种纹理。

颜色： 红珊瑚的颜色是一种鲜活生动的红色，不管是浅是深，它都是鲜活的，而不是僵死的。红珊瑚带有明亮的蜡质光泽，而染色的红珊瑚却没有光泽，颜色也郁结死沉。

声音： 红珊瑚看似娇嫩，但在相互碰撞时有清脆硬朗的声音。一般塑胶或其他仿造的珊瑚不会出现这种坚硬清脆的声音。这种声音在枝状的珊瑚上体现得尤为明显。

重量： 珊瑚有着不错的分量感，放在手心上掂量一下，会给人一种与其娇嫩感极不相符的沉重感，这种分量感也是鉴别红珊瑚与一些低劣仿冒品的依据之一。

3. 红珊瑚的保养与清洗

红珊瑚是有机宝石，由无机质和有机质两部分组成。无机质高镁方解石、少量磷灰石、碳酸钙、碳酸镁、少量水、氧化亚铁和羟基磷酸钙。有机质以角质为主。碳酸钙碰到酸性介质就会产生化学反应，生成白色氧化钙，氧化钙对白色珊瑚无影响，而对红珊瑚影响很大。那么如何保养和清洗红珊瑚变得至关重要。

红珊瑚的佩戴保养：

在佩戴一段时间后，红珊瑚表面就会变白变暗，这是由于在佩戴过程中红珊瑚接触到人体汗液中的酸性成分所导致的。为了防止红珊瑚被氧化，所以每天佩戴后要将佩戴过的红珊瑚用清水冲洗，把黏在上面的汗液清洗掉，用软布擦干后在表面涂抹橄榄油或者茶油，再用干净的软布把表面的油擦掉，可恢复红色。

珊瑚的结构不致密，有孔隙，硬度小。佩戴时不宜多接触化妆品、香水、酒精、食盐、油污和醋等，也尽量不要和硬的东西接触，反复摩擦会损坏珊瑚表面的光滑度、光洁度和亮度。尽量避免长时间太阳暴晒和高温烘烤，否则容易失去水分和光泽甚至褪色。

珊瑚的收藏存放保养：

珊瑚首饰硬度比较低，容易被划伤，所以在存放时最好单独存放，不要与钻石、红、蓝宝石等其他首饰放在一起。存放前需要清洗干净并在表面涂抹一层橄榄油经软布擦拭后，再用保鲜膜或小的密封袋密封存放于珠宝箱内。如长期没有佩戴，也可以隔几个月拿出来，用软布擦拭保养。

后 记

　　在人类生活的各个领域，珠宝都以其独特的风采而具有不容忽视的重要性。对珠宝的价值和鉴赏活动来说，也是如此。然而，长期以来，人们在珠宝鉴赏的基础理论上所做的研究工作，不仅薄弱而且单调；而国外关于这方面可资借鉴的资料也是颇显不足。所以，加强这方面的研究工作，早已成为珠宝专业工作者和广大珠宝爱好者的迫切愿望。

　　珠宝，从科学的定义上讲，只是一种矿物，但当珠宝作为一种财富、艺术呈现于人们的眼前时，珠宝就不仅仅是一种矿物，还是一种文化。由于珠宝文化与人类的文明一样久远，所以珠宝文化也就具有了深邃的内涵。

　　在《珠宝价值与鉴赏》所描述的珠宝世界里，我注重的不仅仅是珠宝的科学定义，而且是珠宝厚重的文化内涵。如果没有文化的深厚内涵，珠宝只是普通的石头，正是"文化"把"石头"变成了艺术品，也正是文化使珠宝的价值倍增。

　　璀璨的珠宝是大自然馈赠人类最好的礼物。稀有、永恒、美丽、坚硬的特征，让珠宝成为财富传承最好的藏品。但是，在五彩缤纷的珠宝世界里，存在参差不齐的级别差异和真假难辨的混乱局面，这也许就是众多珠宝爱好者不敢轻易涉足的主要原因。

　　每一种珠宝都有着其独特的历史、文化、产地、价值及鉴赏标准。

珠宝级别相差一级，价值却相差千里。《珠宝价值与鉴赏》用通俗易懂的语言，从各个角度对各种珠宝的历史、文化、产地、价值及鉴赏标准进行了详细的解析，力求让喜爱珠宝的读者在鉴赏珠宝美丽的同时能够轻松掌握珠宝鉴赏的基本常识。

图书在版编目（CIP）数据

珠宝价值与鉴赏 / 张月萍著 . -- 杭州：浙江大学出版社，
2020.12

ISBN 978-7-308-20741-6

Ⅰ . ①珠… Ⅱ . ①张… Ⅲ . ①宝石－鉴赏②玉石－鉴赏 Ⅳ . ① TS933

中国版本图书馆 CIP 数据核字 (2020) 第 220722 号

珠宝价值与鉴赏

张月萍 著

责任编辑： 李介一

责任校对： 诸寅啸　陈　欣

装帧设计： 雅昌文化（集团）有限公司·深圳

出版发行： 浙江大学出版社
　　　　　　　（杭州市天目山路 148 号　邮政编码 310007）
　　　　　　　（网址：http://www.zjupress.com）

印　　刷： 上海雅昌艺术印刷有限公司

开　　本： 787mm×1092mm　1/16

印　　张： 20.75

字　　数： 450 千

版 印 次： 2020 年 12 月第 1 版　2020 年 12 月第 1 次印刷

书　　号： ISBN 978-7-308-20741-6

定　　价： 288.00 元